KB126898

특기는 사과,
취미는 반성입니다

특기는 사과,
취미는 반성입니다

ADHD, 학교에 가다

조은혜 지음

들어가는 글

산만한 아이 이야기

아이의 이야기를 하는 것은 괴롭다.

나는 어릴 때부터 눈앞의 괴로움을 외면해왔다. 고개를 돌려 다른 즐거움을 찾는 것으로 애써 마음의 짐을 떨쳤다. 그러나 한번 마음에 걸리는 것이 생기면 내 의지와는 상관없이 생각이 나를 붙들고 놓아주지 않았다. 결국 괴로움도 직시하지 못하고 즐거움도 누리지 못하는 그런 상태로 어영부영 문제가 해결되기를, 또는 시간이 흘러 저절로 나를 떠나가기를 기다려 온 것이 나라는 인간의 처세다.

허나 자식 문제에는, 특히 미취학기의 아동에게는 엄마의 개입이 필요한 순간이 대부분이다. 그러므로 엄마인 내가 문제를 외면했는데, 어느샌가 문제가 해결되어 있는 행운은 좀처럼 찾아오지 않는다. 육아에 요행은 없다. 또, 아이는 나를 떠나가지도 않는다. 물론 시간이 많이 흐르면 언젠가는 그런 순간이 오겠지만, 아무튼 그 시간까지는 함께 가야 한다. 육아엔 스킵도 없다.

글을 쓰고 싶다. 내게 글쓰기란 오랜 여운을 남기는 즐거움이다. 쉬이 사라지는 오락과는 다르다. 허나 아이는 내 머릿속을 붙잡고 놓아주지 않았다. 아니 실상 아이는 내 생활 전반을 틀어쥐고 있다. 유치원 졸업까지 얼마 남지 않은 10월, 아이는 갑자기 극도로 산만하고 과격해졌다. 유치원에 다니기에는 너무나 불안정한 상태였다. 유치원을 그만두기로 했다. 유치원을 그만둔 건 문제가 아니었다.

문제는 6개월 후면 아이가 학교에 가야 한다는 사실이었다. 아이가 무사히 진학할 수 있을까? 불안했다. 혹시 학교에서 아이를 거부하면 그땐 어떻게 해야 하지? 최악의 상황으로 생각이 치달았다. 그때부터 아무것도 쓸 수 없었다. 시간의 문제가 아닌 마음의 문제였다. 밤에 모니터 앞에 앉아 깜빡이는 커서를 보면 낮에 아이와 있었던 일들, 아이의 행동들이 또렷하게 되살아났다. 쓰지 못하게 되니 더 강렬하게 쓰고 싶었다. 그러나 이 문제를 풀어내지 않고는 나는 아무것도 쓸 수 없다. 그래서 나는 아이의 이야기를 쓰기로 했다. 정확하게는 우리의 이야기다.

유치원에서 어떤 게 가장 너를 힘들게 하느냐고 물었을 때 아이는 말했다.

"선생님은 나를 잘 아는데 나는 선생님을 잘 모르겠어요."

선생님이 자기 마음을 읽어주려고 애썼다는 걸 아이도 안다. 그래서 "선생님은 나를 잘 안다"고 아이는 말한다. 하지만 무엇을 하고 무엇을 하지 말아야 하는지, 다른 친구들은 어떻게 그것을 하는지 혹은 하지 않는지 아이는 도무지 감이 없다. 끊임없이 경계를 알려주는데, 아이에게는 그것이 모호하게 느껴진다. 아이는 경계를 모른다. 그래서 아이는 선생님을 잘 모른다. 사회가 자신에게 요구하는 것을 잘 모른다.

아이를 산만하다고 결론내린 사회, 남들은 자신을 잘 파악한다고 말하면서 자신은 남들이 원하는 걸 잘 모르겠다는 아이, 이런 아이와 사회를 중재하고 성공적으로 연결시켜야 하는 나. 우리의 이야기엔 요행도 스킵도 없다. 차근차근 걸어서 차곡차곡 쌓아가는 매일이 있을 뿐이다.

앞으로 이어질 이야기들은 결코 유쾌하지 않다. 읽는 것만으로도 고단해져 책을 덮고 싶을지 모른다. 허나 어딘가에는 이런 일상을 살아가는 이도 있으며, 누구에게나 일상이 그렇듯 나에게는 익숙한 일이다. 글로 쓰여졌다는 건 내가 이미 그 시간들을 지나왔으며 글로 풀어낼 수 있을 만큼 치유되었다는 의미이기도 하다. 그러니 타인의 지난 고통에 지나치게 감정이입하여 공연히 힘들어하지 않기를. 혹시 진행 중인 고통을 타개할 방법을 찾지 못하고 방황하는 누군가에게 이 이야기가 작은 도움이 되기를.

이해받고 싶은 자와 이해하고자 하는 자, 모두에게 손을 내미는 마음으로 이야기를 시작해보려 한다.

목차

1부

우리, 학교 갈 수 있을까?

ADHD : 주의력 결핍 / 과잉행동 장애(attention deficit / hyperactivity disorder). 아동기에 주로 나타나는 장애로, 지속적으로 주의력이 부족하고 과다활동과 충동성을 보이는 상태를 말한다. 이 질환의 정확한 원인은 현재까지 알려진 바가 없다.

ADHD면 어떻고 아니면 어때

"ADHD예요. 약 쓰면 열에 아홉은 좋아져요."

그때 내 표정이 어땠는지 나는 모른다. 이어진 상대의 말로 미루어 짐작할 뿐.

"내 아이가 ADHD라고 하니까 놀랐어요? 막 절망적이고 그래요?"

그제야 표정을 바로잡고 의연한 척 입을 뗐다.

"아니요. 어느 정도는 예상을 하고 있었어요."

"밖에서는 충동적이어도 엄마와 있을 때는 안정적이라는 걸 보면, 그동안 엄마가 아이를 잘 파악하고 대처해 온 것 같아요. 계속 지금처럼 하면서, 나중에 학교 들어가거든 얘기가 나올 거예요. 늦어도 5월엔 학교에서 연락이 올 거야. 그때 병원 가서 약을 쓰면 돼요. 그럼 다 좋아져요."

이렇게 간단하고 공허한 진단이 있을까. 덮어두었던 불안이 다른 사람의 입을 통해 밖으로 나왔을 때 지금까지 아슬아슬하게 쌓아올린 시간들이 와르르 무너져 내렸다. 허무했다.

ADHD로 의심된다는 전문가의 판정을 받았을 때 아이는 일곱 살이었다. 세 살 적부터 나는 아이가 버거웠다. 아이라는 것은, 아무것도 첨가되지 않은 덩어리를 먹이고 씻기고 입혀가며 가르친다는 것은, 그렇게 하나의 인간으로 키워낸다는 것은 원래 이렇게 고된 것이리라. 다들 이렇게 중노동을 해가며 아이를 키우겠거니. 나는 나의 고생을 고생스럽게 여기지 않으려 무던히 애를 썼다. 가끔 누군가 나를 보고 힘들겠다고, 농도 짙은 위로의 눈빛을 보내도 그저 아기 엄마에게 하는 흔한 인사치레라고 생각했다.

엄마가 신발을 신는 동안 아이 혼자 순식간에 사라져 이미 보이지도 않게 되어버린다든지, 우리 아이가 놀이에 끼기만 하면 자꾸 분란이 생긴다든지, 기분이 상하면 상대를 가리지 않고 거칠게 덤벼든다든지, 가만히 있는 아기를 밀어서 울린다든지, 차가 오는데도 전혀 망설이지 않고 차 앞으로 몸을 날린다든지, 어항만 보면 물고기를 잡기 위해 손을 집어넣는다든지...... 이런 일들이 유치원에 다니기 시작한 다섯 살까지 계속되었다. 단순히 타고난 성향이 폭력적이고 충동적이라고 단정 짓기에는 뭔가 아이에게 채워지지 않은 듯한, 결핍에서 비롯된 모습들이 보였다.

아이의 충동성을 ADHD 증상으로 생각하지 않은 가장 큰 이유는 종종 아이가 '애어른' 소리를 들을 정도로 속이 깊고 조숙한 면을 보여서

다. 큰 목소리와 거친 행동에 가려 쉽게 알아보기는 힘들었지만, 오랫동안 아이를 보아온 어른들은 모두 아이의 조숙함을 인정했다. 내가 아이의 성향에 대한 불안감을 내비칠 때마다 주변인들은 아이의 '아이답지 않음'을 근거로 들어 나를 안심시켰다. 가끔 아이는 정말 아이답지 않은 언행으로 어른의 가슴을 저릿하게 만들었다.

아이의 동생을 임신 중이던, 세 살 때의 일이다. 조산기가 있어 거동이 어려운 나를 대신해 친정엄마가 세 시간 거리를 오가며 살림과 육아를 돌봐주었다. 거의 누워지내다시피 하는 내 옆에 아이를 두고 내려가기가 못내 마음이 쓰였던 친정엄마는 할머니 집에 가서 딱 세 밤만 자고 오자며 아이를 살살 꾀었다. 아이는 말없이 고개를 끄덕거리고는 외할머니를 따라 집을 나섰다. 다음 날 친정엄마에게서 전화가 왔다.

"야야 오늘 올라갈란다."

"왜? 애기가 나를 찾아?"

"찾기는. 찾으면야 내가 달래감서 데리고 있지. 밤에 잠을 잘라고 누웠는데, 애기가 요로고 가슴에 두 손을 올리고 누워가지고, 할머니 잠이 안 와요, 하잖냐. 엄마가 보고싶어서 눈이 쌔름쌔름한디 엄마 소리 한번을 안 한다. 가슴이 아파서 안 되겠다. 애기가 울지는 않는데 웃지도 않어야. 뭔 이런 애기가 있다냐."

아이라고 해서 어른의 사정을 까맣게 모르지 않는다. 그렇다고 해도 아이는 왜 싫다고 말하지 못했을까. 그는 고작 세 살의 아기였을 뿐인데.

이후 동생이 태어나고 두 달쯤 지났을 때 내가 병원에 입원하게 됐고, 아이는 잠시 친가에 맡겨졌다. 한 달 만에 다시 만난 아이는 나를 보고도 웃지를 않았다. 달려 나가 아이를 끌어안았지만, 어색하게 안겨 있을 뿐 마주 안아주지 않았다. 다음날 아침까지도 아이는 말수가 없었다. 아침 식사를 마치고 할아버지, 할머니가 가방을 꾸려 현관으로 향하자 아이는 벌떡 일어나 주섬주섬 신발을 신기 시작했다.

"하라야, 어디 가?"

"아가, 할머니 따라가게?"

아이는 신발을 신다 말고 어른들의 얼굴을 휘휘 둘러보다가 입을 열어 작은 소리로 말했다.

"나 이제 여기서 살아도 돼?"

아. 아이는 여태 엄마가 자신을 버렸다고 생각했던 것이다. 체념 속에 아주 작은 기대가 실려있던 그 목소리. 그 눈동자.

내 아이가 ADHD라는 말을 들었을 때 내가 느낀 허무함은 꼭 절망에서 기인한 것은 아니었다. 이미 어렴풋이 짐작하고 있던 사실을 확인받았을 뿐, 새삼스레 하늘이 무너질 것도 없었다. 내가 가슴이 아팠던 것은 이 아이의 개인사와 조숙함은 전혀 고려되지 않은 채, 5분도 안 되는 시간에 엄마의 진술만으로 ADHD 아동으로 분류되는 그 간편함이었다.

"약을 쓰면 해결된다. 이 이상 부모가 할 일은 없다"는 정신건강의학과 교수님의 말은 전문가로서 건넬 수 있는 최선의 위로였을 것이다. 그러나 그 말은 나에게 전혀 위로가 되지 않았다. 지금까지 내가 아이를 위해 쏟았던 시간과 노력이 모두 헛수고였던 것처럼 느껴졌다. 약으로 간단히 해결할 수 있는 일을 여태 아이를 힘들게 해 왔던 걸까.

ADHD라는 단어가 아이와 나, 우리의 삶 속으로 들어와버리고 난 후 한동안은 허무감과 무력감에 힘들었다. 단어가 주는 무게감이 우리집을 잠식해갈 즈음 문득 이런 생각이 들었다.

'까짓, ADHD면 어떻고 아니면 어때.'

맞든 아니든, 알든 모르든 엄마로서 내가 할 일은 같았다. 달라질 건 없다. 어제도 오늘도 나는 이 아이의 엄마고, 지금껏 해 온 엄마의 일을 계속할 터였다.

엄마, 과자 먹으면 안돼?

아이가 다섯 살이 되도록 나는 아이 입에 들어가는 음식을 최우선으로 생각했다. 엄마의 가장 큰 임무는 엄선한 식재료로 세끼 밥과 간식까지 살뜰하게 챙겨 먹이는 것이라고 믿었다. 임무를 완수하지 못한 날엔 스스로에게 짜증이 치밀었다. 그리고 그 짜증은 내가 아닌 주변 사람들에게로 갔다. 그중에서도 나와 가장 많은 시간을 보내는 아이가 고스란히 나의 감정에 노출되었다. 아이를 위해 밥을 짓는다면서 거기서 기인한 스트레스가 향하는 대상도 아이라니. 이 아이러니. 외식은 물론이고 슈퍼에서 과자를 사 먹이는 일도 죄악시하던 나에게 하루는 지인이 말했다.

"애들은 먹는 게 낙이야. 그중에서도 군것질이 8할이고. 네가 음식을 가려먹이는 게 어쩌면 아이한테는 스트레스일 수 있어. 어른도 음식을 꼭 영양으로만 먹는 건 아니잖아."

아, 생각해보면 어릴 적 사진 속의 나는 주로 과자를 들고 있었다. 빼

X로, 마X구미, 새X깡, 포테X칩 따위의 군것질거리를 봉지째 들고 세상을 다 가진 양 웃고 있다. 과자를 들고 있을 때 저런 웃음이 나오니 자연스럽게 사진에 담겼던 것일 게다. 미안해졌다. 엄마라는 이름으로 나는 아이로부터 얼마나 많은 즐거움을 빼앗은 걸까?

다섯 살이었던 아이를 데리고 당장 슈퍼에 갔다. 마음껏 골라보라고 말을 해줘도 마음껏 골라봤어야 마음껏 고를 줄을 알지.

"마음껏 골라봐."

"그게 뭔데."

"너 먹고 싶은 거 아무거나 고르라고."

"그거 어떻게 하는건데."

딱 이런 느낌이었다.

아이는 쭈뼛거리며 그나마 한두 번 사준 적 있는 초콜릿을 집었다. 눈은 시종일관 마X쮸를 향해 있으면서도. 안타까운 마음에 쓴웃음이 나왔지만, 아무 말없이 초콜릿을 계산했다. 언젠가는 진짜 먹고 싶은 과자를 제 손으로 집을 수 있기를 바라면서 슈퍼를 나섰다. 적어도 일주일에 한 번은 슈퍼에서 과자를 사 먹기로 약속했다.

집에 돌아와서는 간식 상자를 만들어주었다. 식사 전후의 군것질에 대해서도 나는 필요 이상으로 예민하게 굴었다. 게다가 모순된 반응을 보였다.

밥 먹기 전에 아이가 과자를 찾으면 한숨부터 내쉬었다.

"곧 밥 먹을 건데 과자는 무슨 과자야! 밥 먹고 먹어야지!"

의무적으로 꾸역꾸역 밥을 다 먹고 후련한 얼굴로 과자를 찾는 아이에게 나는 또 쏘아붙였다.

"밥을 조금 먹으니까 과자를 찾지! 과자 찾지 말고 밥을 많이 먹어!"

도대체 과자는 왜 사다놓은 것일까. 애 등원시키고, 애 재워놓고 엄마가 먹으려고 사다놓은 걸까. "짠단짠단"이라는 말이 왜 있는가. "디저트 배는 따로 있다"는 말은 누가 만들었는가. 그렇다. 어른도 밥 먹고 나서 껄떡댄다. 그것도 밥보다 더 거하게 껄떡댄다. 애도 똑같다. 더 하면 더 했지. 아이 입장에서는 먹고 싶은 걸 먹고 싶은 순간에 제 맘대로 먹지 못하는 게 엄청난 스트레스였을 것이다.

"간식 상자에 들어있는 건 언제든지 먹어도 괜찮아. 그런데 밥 먹기 전에만 좀 참아줬으면 좋겠어. 너무 참기 힘들 땐 뜯어서 딱 두 개만 먹고 닫아놨다가 밥 다 먹고 나면 마저 먹자."

마지막까지 놓을 수 없었던 '식사 전 과자는 용납할 수 없다'는 오랜 신념 때문에 "딱 두 개만"이라는 단서를 달긴 했지만, 말을 하면서도 반신반의했다. 애초에 과자를 두 개만 먹고 딱 멈춘다는 게 가당키나 한 이야긴가. 원래 과자라는 것이 먹으면 먹을수록 더 당기는 것 아니던가.

다음날 아침, 아이는 일어나자마자 간식 상자를 기웃거렸다. 그럼 그렇지, 아침 준비를 하던 나는 어제의 결정을 조금 후회하며 하나 마나 한 말을 별 기대없이 던졌다.

"과자가 먹고 싶구나. 근데 이제 밥 먹을 거니까 딱 두 개만 먹고 남은 과자는 밥 먹고 나서 먹으면 어때?"

"좋아!"

너무도 쉽게 수긍하는 아이. 과자 두 개를 받아들고 만족스럽게 돌아서는 아이. 아이는 그렇게 과자 두 개를 먹은 뒤 아침을 차려 줄 때까지 간식 상자 근처에도 가지 않았다. 이렇게 말이 잘 통하는 아이였다는 걸 왜 여태 몰랐을까. 어쩌면 그동안 말이 안 통해 답답했던 건 아이가 아니었을까.

동생은 정말 미워!

먹는 욕구를 채워주자 아이는 전보다 한결 너그러워졌다. 자신을 화나게 하는 상황에 대해서도, 자기 자신의 실수에 대해서도 그랬다. 살짝만 건드려도 쉽게 쏟아져 나오던 충동적인 언행이 조금, 적어도 엄마인 나는 느낄 수 있을 만큼 아주 조금, 수그러들었다. 그러나 단 한 사람, 동생과의 관계에서는 늘 폭군처럼 굴었다. 힘 조절을 하지 못하는 아이는 동생을 있는 힘껏 떠밀거나 때려서 울리는 일이 잦았다. 아이와 동생이 노는 모습을 유심히 관찰하기 시작했다. 매번 주의 깊게 지켜보지는 못하더라도 아이들 쪽으로 귀를 열어두었다.

그전까지는 집안일로 분주하던 중에 동생의 울음소리를 듣고 쫓아가는 일이 다반사였고, 때문에 아이들의 다툼이 늘 갑작스럽게 느껴졌다. 아이와 동생이 무엇을 하며 놀고 있었는지, 그 와중에 무슨 일이 있었는지, 맥락을 알지 못하니 왜 그러느냐, 무슨 일이냐, 연신 아이를 다그치며 숨이 넘어가게 우는 동생을 달랠 뿐이었다. 동생을 때려 울려놓고는 자기가 더 억울하고 상처받은 얼굴을 하고 있는 아이. 많은 것을 마음에 담아두는 아이. 말하지 않는 아이. 아이의 생각이 궁금했다.

상황 1

아이가 쌓은 블록을 동생이 자꾸 무너뜨린다. 처음에는 실수였는데 몇 번 떠밀리더니 이제 아예 다 쌓기를 기다렸다가 작심하고 무너뜨린다. 화가 나서 너무 자연스럽게 손이 나가는 아이를 동생에게서 떼어놓은 뒤 씨근거리는 몸을 끌어안고 속삭였다.

“정이 정말 밉지? 네가 하지 말라고 몇 번이나 말했는데. 엄마도 옆에서 봤는데 하라 정말 속상하겠다.”

“미워. 정이 나빠.”

“그런데 잘못은 정이가 했는데 하라가 정이를 때려버리면 네가 더 많이 잘못한 게 되어버려. 그럼 하라 기분이 어때?”

“안 좋아.”

“다음번에 정이가 또 그러면 그땐 네가 정이한테 얘기해줘. 형아가 만든 거 무너뜨리지 말라고. 그래도 정이가 말을 안 듣고 그래서 때리고 싶은 마음이 들면 엄마를 불러줘. 그럼 엄마가 대신 혼내줄게. 그래도 괜찮겠어?”

“좋아.”

15개월 동생에게도 형아가 만든 블록에 허락없이 손대지 말라고, 하나 마나 한 주의를 주었다. 조금도 인상 쓰지 않고 대화가 끝났다. 그저 내 말투를 조금 바꿨을 뿐 아이의 반응과 모든 상황이 그대로였는데도 진심으로 짜증이 나지 않았다.

－1분 경과－

"저리 가! 하지 마!" 퍽 우당탕 으앙 으아앙 으아아앙

이쯤에서 동생의 엄청난 울음소리에 열이 뻗쳐 동생부터 끌어안아서 달래고 아이에게 마구 퍼붓던 것이 기존의 우리집 풍경이다. 평소 같으면 그랬을 텐데, 아까 아이에게 했던 말이 혀끝에 아직 남아서 '동생이 얼마나 미울까. 말도 안 통하고, 나 같아도 때리고 싶겠다'는 생각이 먼저 들었다. 게다가 아이가 때리는 소리는 분명 한 번이었는데, 동생의 우는 소리는 어째서 삼단 고음인가. 동생 놈이 또 여우짓을 하는구나. 상황이 객관적으로 보였다.

"하라야, 정이가 왜 우는 거야? 정이가 또 이렇게 무너뜨렸어? 그래서 화가 나서 때린 거야?"

"내가 화나서 때렸어. 힘들게 쌓았는데 정이가 다 무너뜨렸어."

"정이 이리 와봐. 형아가 힘들게 쌓았는데, 이렇게 무너뜨리면 형아가 얼마나 속상하겠어. 자, 빨리 형아한테 미안하다고 하고."

"(형아 가슴을 토닥이며) 냐냐냥(아직 말을 못함)"

"자 얼른 원래대로 해놓고." (라고 동생에게 말하며 내 손으로 열심히 복구시킨다)

다섯 살 아이는 '내가 만든 게 다 망가졌다'는 사건 자체에 집중하기 때문에 이것이 해결되기 전엔 어떤 말도 들리지 않는다. 얼추 아이의 작품 세계를 복원해놓고 아이 표정이 조금 누그러진다 싶을 때 아이를 끌어안고 이야기했다.

"이제 맘이 풀렸어?"

"풀렸어."

"정이가 먼저 잘못했지만, 정이를 때린 건 하라가 잘못한 것 같은데. 잘못한 거 같아, 아닌 거 같아?"

"잘못한 거 같아."

"그럼 정이한테 사과할 수 있어?"

"정이야 미안해."

– 3분 경과 –

"하지 마! 저리 가!" 퍽 으아아아앙 와아아아앙 끄아아아앙

"후우...... 하라야...... "

이 짓을 저녁 내내 세 번이나 반복했고 난 단 한 번도 짜증이 나지 않았다–면 거짓말이고, 단 한 번도 짜증을 드러내지 않았다. 목소리에도, 표정에도 짜증을 싣지 않으려 노력했다. 실제로 평소보다 짜증이 훨씬

덜했다. 상황을 관찰하니 그때까지 보이지 않던 아이의 마음이 보였다. 아이의 마음을 짐작하고 그걸 말로 표현했을 뿐인데, 내 감정을 컨트롤하는 데 굉장히 도움이 됐다.

상황 2

아이는 블록을 쌓고 동생은 옆에서 인형을 가지고 놀고 있다. 모두의 욕구가 충족된 평화로운 순간, 갑자기 아이가 동생이 가지고 놀던 인형을 휙 낚아챈다. 왜 친형이라는 작자들은 같은 인형을 사줘도 꼭 동생이 들고 있는 걸 탐내는 걸까. 사실 이런 경우가 훨씬 더 많다. 동생은 혼자 잘 놀고 있는데 아이가 괜히 건드려서 울려 놓는 경우. 이럴 땐 어떻게 해야 할까, 순전히 아이의 잘못인데도 "동생 정말 밉지. 동생 욕심쟁이다." 이 방법이 과연 옳은 걸까? 잠시 고민이 됐다.

"하라야, 어제 하라가 쌓은 블록, 정이가 와르르 망가뜨렸을 때 하라 기분이 어땠어?"

"안 좋았어."

"정이가 갖고 놀던 인형을 하라가 휙 데려가버리면 정이는 기분이 어떨까?"

"정이야 미안해."

시키지도 않았는데 사과를 하고 바로 인형을 돌려주는 아이. 전에도 비슷하게 말해본 적이 있지만 히스테릭하게 웃으며 쌩 달려가버릴 뿐, 전혀 말이 통하지 않았다. 그런데 그날 아침엔 바로 동생의 입장이 되어 보고 그 감정을 이해했다. 전날 밤 동생과의 다툼에서 엄마가 자기의 감정을 이해하고 들어주었기 때문이었을까?

내 생각보다 훨씬, 아이는 엄마의 영향을 많이 받는 존재였다. 나의 아주 작은 변화 하나에도 아이는 민감하게 반응했고 시간이 걸릴지언정 반드시 화답해주었다. 아이에 대해 선입견을 품고 아이를 부당하게 대해왔던 건 어쩌면 내가 아닐까? 나를 바꾸면서, 나에 대해 돌아보기 시작했다.

ADHD 아이, 동생이 필요할까?

손이 많이 가는 형과 야무지고 눈치 빠른 동생, 나의 두 아이를 보고 있으면 영화 『말아톤』의 초원이와 중원이가 떠오른다. 영화 『말아톤』에서 엄마의 온 신경은 장애가 있는 형 '초원이'에게로 향해 있다. 동생 '중원이'는 늘 뒷전이다. "엄마는 왜 맨날 형만……!" 참다 참다 불만을 쏟아내는 동생에게 돌아오는 건 "형이랑 너랑 같아?"라는 엄마의 일갈뿐이다. 아이가 없던 시절엔 관심받지 못하는 동생의 눈물이 먼저 보였다. 아이를 키우고 나서야 울지도 못하고 돌아서는 형제의 엄마가 눈에 들어왔다. ADHD 아이가 있는 가정에 동생의 존재는 득일까 실일까? 아이, 동생, 부모 모두의 입장에서 실제적으로 접근해보자.

❶ 아이의 입장

아이는 날 때부터 잘 먹고 잘 자고 잘 웃는 아기였다. 소음이나 낯선 환경, 새로운 사람에게도 크게 마음을 두지 않았다. 모두가 아이를 두고 순하다고 했다. 그 유순함이 주변에 대한 무신경함에서 비롯되었다는 걸 알게 된 건 아이가 두 돌이 되어갈 무렵, 이미 아이의 동생을 뱃속에 품고 있을 때였다. 아이는 자신의 불편에 예민하게 반응하지 않았던 것처럼 다른 사람의 불편 역시 전혀 감지하지 못했다. 주위의 반응이 어떻든 무심했고 주위의 반응을 살피지 않으니 행동에 경계가 없었다. 무신경하고 부주의한 데다 덩치까지 또래보다 압도적으로 크니 아이들이나 아이 엄마들에게 쉽게 위협적인 존재로 인식되었다. 본인의 동생과 엄마에게도 예외는 아니었다.

아이는 바닥에 누워있는 동생의 어깨를 밟아서 울려놓고도 히히 웃었다. 아찔한 순간들이 반복됐다. 동생이 태어나고 아이는 점점 천덕꾸러기가 되어갔다. 동생이 없었더라면 문제가 되지 않았을 행동들까지 모두 꾸지람의 대상이 되었다. 그뿐인가. 동생이 태어나기 전엔 온종일 저만 바라보던 엄마가 아기 울음소리만 나면 자기를 방치하고, 자신의 요구를 묵살하고, 조그만 실수에도 언성을 높였다. 아이에게 동생은 인생에 처음 맞이하는 경쟁자이자 방해꾼이며 연소자였다. 얄밉고 성가시고 시끄러운 존재. 이제껏 누구도 엄마와 자신의 관계를 갈라놓는다거나, 자신의 놀잇감을 함부로 휘젓는다거나, 자신보다 더 떼를 쓴다거나 하는 행동으로 자신의 심기를 건드리지 않았다. 아이는 생애 처음으로 느껴보는 배신감과 좌절감을 어떻게 처리해야 할지 몰랐고 때때로 작은 괴물처럼 굴었다.

동생의 유치원 입학을 기점으로 동생과의 관계에 변화의 조짐이 보이기 시작했다. 집에서 엄마를 두고 경쟁하던 두 남자가 유치원에서는 '형제'라는 이름으로 결속했다. 다섯 살 동생은 유치원에서 엄마가 보고 싶을 때마다 일곱 살 형아가 있는 교실로 달려갔다. 자신을 의지하는 어리고 약한 혈육에게 아이는 차츰 연민과 사랑을 품었다. 아이의 친구들도 아이의 동생을 '하라 동생'이라고 부르며 예뻐했고, 또래 관계가 원만하지 않던 아이에게는 이 또한 뿌듯한 경험이었다. 그때부터 점점 아이는 '동생'이라는 존재를 받아들였다. 동생의 존재를 받아들인다는 것은 곧 '형'으로서 자신의 위치를 받아들이는 것을 의미했다.

동생과 본격적으로 대화와 놀이가 가능해진 시점부터 형제는 죽고 못사는 친구가 되었다. 매일 협상과 극적 타결을 거치며 그들만의 질서를 확립했다. 상대가 하고 싶은 놀이와 내가 하고 싶은 놀이를 번갈아가며 해야 한다는 것, 상대의 것을 갖고 놀고 싶으면 내 것과 바꾸어야 한다는 것, 상대의 것을 힘으로 빼앗으면 놀이는 이어지지 않는다는 것, 몸놀이를 할 때는 상대에게 맞춰 내 힘을 조절해야 한다는 것, 아이는 동생과의 놀이를 통해 또래 관계에서 필요한 사회성을 길렀다. 물론 동생과의 상호작용만으로는 충분한 경험을 쌓는 데 한계가 있었다. 형제와 친구는 엄연히 다른 존재이기 때문이다. 세상에서 나를 가장 함부로 대하는 태생적 라이벌, 날것 그대로를 꺼내 보이면서도 서로를 미워할 수 없는 관계가 형제라면, 친구는 서로를 좋아하지만 선을 지켜야만 유지되는 관계다. 아이들은 친구와 어울리면서 뚜렷한 '사회의 선'을 알아간다. 사회로 나가기 전, 가정이라는 비교적 넓은 허용 범위 안에서 사회관계를 연습하는 상대. 아이의 사회성 발달에 동생의 역할은 딱 거기까지였다.

❷ 동생의 입장

동생이 처음 맞이한 세상은 형아 때의 그것과는 사뭇 달랐다. 연일 형아의 괴성과 엄마의 고성, 힘 조절 같은 거 개나 줘버린 형아의 과감한 터치와 울어도 오지 않는 엄마를 견디며 절치부심하던 동생은 10개월에 완전한 직립보행을 해내고야 말았다. (참고로 급할 거 하나도 없던 그의 형은 13개월에 겨우 첫발을 뗐다)

동생은 자랄수록 '엄마 바라기'였다. 놀 때나, 잘 때나, 먹을 때나 늘 엄마 옆자리를 차지하려고 했고, 심기가 불편하면 아빠와는 아무것도 함께하지 않겠다며 강짜를 부렸다. 강하게 요구하지 않으면 좀처럼 자신에게 관심이 오지 않는다는 걸 알게 된 동생 나름의 생존 전략이 아니었을까 싶다.

동생은 강하게 자랐다. 워낙 체급 차이가 나는 데다가 행동이 거친 형아를 둔 탓에 동생은 어릴 때부터 떠밀리고 맞고 피를 보기 일쑤였다. 느는 건 눈치요, 자라는 건 맷집이라. 보통이 아닌 형아를 상대하며 영아기를 보낸 동생은 또래 아이의 웬만한 도발엔 눈 하나 깜짝하지 않았다. 말로 거는 시비는 여유 있게 맞받아치고 몸으로 거는 시비엔 크게 소리를 질러 자신의 위험을 온 천하가 알게 했다. 시비를 걸어왔던 상대 아이가 먼저 기가 질려 내빼기 일쑤였다. 그런 동생의 눈에 형아의 행동은 이해할 수 없는 미련한 것이었다. 늘 형아 주변에선 큰 소리가 났고 그때마다 형아는 엄마에게 혼이 났다. 엄마에게 혼나는 형아 옆에서 동생은 해도 되는 것과 하면 안 되는 것을 명확하게 구분해갔다.

은근히 형아를 얕잡아보던 동생이 형아를 달리 보게 된 건 유치원에 들어가면서부터다. 형아만 데려다주고 돌아설 땐 그렇게 들어가 보고 싶었던 유치원이, 막상 다니고 보니 제가 상상한 꽃밭이 아니었던 게다. 동생은 그제야 정해진 일과와 규칙 속에서 지시를 따르는 일의 고단함을 깨달았고, 지금껏 이 힘든 일을 해온 형아에 대한 존경심이 피어올랐다. 유치원의 다른 친구들과는 달리 제게는 같은 공간에 형아가 있다는 사실도 존경심을 고취시키는 데 한몫했다.

그것도 잠시. 유치원 생활에 완전히 적응한 동생은 시도 때도 없이 혼나는 형아의 모습을 목격할 때마다 시무룩해졌다. 왜 맨날 우리 형아만 혼나지. 왜 우리 형아는 다른 형아들처럼 못하지. 사람들에게서 환영받지 못하는 혈육을 보며 동생은 안쓰러움과 부끄러움을 동시에 느꼈던 것 같다. 형아 없이 엄마와 단둘이 남게 된 어느 날, 동생은 심각한 얼굴로 속 얘기를 털어놓았다.

"난 형아 반 선생님이 싫어."

"왜?"

"형아 선생님은 형아를 자꾸 혼내."

"아…… 형아 선생님이 형아를 혼내서 속상했구나."

"우리 반에서 이정우가 제일 많이 까부는데 형아는 이정우보다 더 많이 까불어."

"형아가 많이 까부는구나."

"응. 형아가 유치원에서 제일 많이 까불어."

"형아 선생님이 형아를 잘 가르치느라 혼내셨나 보다. 형아 멋있게 크라고."

"그래도 형아 선생님 싫어. 난 나중에 일곱 살 돼서 형아 반 돼도 형아 선생님 반은 안 할거야."

피붙이란 그런 거다. 까도 내가 까야 개운하지, 넘이 까면 속상한 거다. 비록 우리 반에서 제일 까부는 말썽꾸러기 친구보다도 더 까부는 일곱 살 형아가 우리 형아지만, 그래도 형아 선생님이 형아를 혼내는 모습 같은 건 보고 싶지 않은 게 동생된 자의 마음인 거다. 제 형아가 집이 아닌 곳에서 엄마, 아빠 아닌 다른 사람에게 혼나는 모습이 동생에게는 상처가 되었다.

집에서도 형아는 신경 쓰이는 존재다. 동생은 예술가 타입이다. 형아와 함께 노는 것도 좋지만, 혼자 레고를 만들거나 그림을 그리며 노는 혼자만의 시간도 소중하다. 한참 작품 세계에 심취해있을 때 같이 놀자고 조르는 형아는 정말이지 귀찮다. 형아가 동생의 작품을 망가뜨리거나 동생을 놀려서 속을 뒤집어놓을 땐 원수가 따로 없다. 그러나 정면 승부로는 승산이 없다는 것을 잘 아는 동생은 일곱 살의 인내심을 최대치로 끌어내 의젓하게 형아를 달랜다.

"형아, 긴 바늘이 10에 가면 그때 놀아줄게. 나도 하던 건 마저 해야지."

비록 협상이 결렬되어 마지막에는 레고와 인내심을 내팽개치고 바닥을 구르며 우는 날이 더 많지만 동생의 협상력은 나날이 발전하는 중이다. 형아를 통해 단련한 동생의 능력은 유치원에서 유감없이 발휘되고 있다.

"시금치가 싫어도 좀 먹어봐. 너 그러다가 키 120센티도 안 되면 어떡할래."

"얘들아, 우리 화를 내지 말고 말하자. 화를 내버리면 싸우게 되잖아. 자, 너 생각부터 말해봐."

"하준이랑도 같이 놀자. 하준이 이제 옛날처럼 고집 안 부려. 같이 놀아보면 너도 알게 될걸?"

남다른 형아를 가져봤기에 동생은 어떤 친구와도 스스럼없이 어울리는 넓은 마음과 어떤 문제도 대화로 해결할 수 있는 인내심을 갖게 됐다. ADHD 형아의 존재는 때로 동생을 몹시 신경 쓰이게 하지만, 동생의 인성과 사회성 발달에 많은 긍정적인 영향을 미쳤다.

❸ 부모의 입장

아이의 ADHD 성향을 좀 더 일찍 알았더라면, 나는 둘째를 욕심내지 않았을 것이다. 고작 아이가 하나에서 둘이 되었을 뿐인데, 왜 업무량은 두 배가 아니라 열 배쯤 늘어난 것 같은지. 첫째는 왜 그렇게 설쳐대는지. 둘째는 또 왜 그렇게 울어대는지. 아이가 하나였을 땐 세상 둘도 없는 남편이자 부모였던 아이 아빠도 둘째의 울음에는 버럭 짜증을 내기 일쑤였다. 뭐하자고 둘째를 낳았던가. 아무도 행복하지 않았다. 서로를 탓하며 물어뜯기 일쑤였다. 둘째가 두 돌이 될 때까지 나는 우울감과 무력감에 시달렸다.

둘째는 두 돌을 지나면서 부쩍 예쁜 짓을 하기 시작했다. 작은 몸짓에도 물개박수를 보냈던 첫째 때와 달리 둘째에겐 시원스레 칭찬 한 번 해주질 못했다. 만들고 그리기를 좋아하는 둘째의 손재주에 내심 감탄한 적이 많았지만, 첫째가 지켜보고 있기에 늘 적당하게 칭찬해 줄 수밖에 없었다. 그래도 첫째는 알았을 것이다. 엄마가 마음속으로 제 동생을 얼마나 귀애하고 자랑스러워하는지. 왜 그런 건 당사자에게 전해지지 않고 그의 경쟁자에게 고스란히 전해지는지. 둘째가 너무 예뻐서 안 낳았으면 어쩔 뻔했나 싶다가도 첫째에게 들킬세라 허겁지겁 둘째로 향했던 시선을 거둬들였다.

두 아이 사이에서 균형을 유지하는 일은 어려웠다. 속상한 일을 당하면 오래도록 속앓이를 하다가 엉뚱한 타이밍에 표출해 오해를 사는 첫째에 비해 둘째는 감정 표현이 확실하고 상처를 덜 받는 성격이다. 해서 명명백백 첫째가 잘못했을 경우를 제외하고는 첫째의 입장을 많이 헤아려주었다. 둘째는 섭섭하면 말을 하니까. 그때 잘 들어주고 안아주면 되겠지. 그럼 오래 기억하지 않고 금방 털어버릴 거야. 그 아이는 그러니까. 내 마음대로 결정지었다. 그러나 상처를 덜 받는다는 것이 반복된 상처에도 쉽게 무뎌진다는 이야기는 아닐 것이다. 아물기도 전에 다시 같은 자리에 상처를 입게 되면, 그것도 그 상처를 주는 사람이 가족이라면, 둘째에게도 점점 배신감과 좌절감이라는 감정이 자리 잡을 수밖에. 첫째를 위한 최선이 둘째에겐 상처가 될 수 있다는 사실이 늘 조심스러웠다.

한때 첫째를 키우며 힘든 시간을 둘째로 참 많이 위로받았더랬다. 유치원 첫 학기를 마친 둘째의 행동발달평가표, 그러니까 일종의 사회생활 성적표를 받아 들었을 때의 감격은 아직도 생생하다. 둘째의 행동발달평가표에는 이런 표현들이 주를 이뤘다.

- 자기 자신을 좋아하고 친구 관계가 원만합니다.
- 규칙을 잘 이해하고 협조적인 태도를 보입니다.
- 수업에 흥미를 보이고 적극적으로 참여합니다.
- 자연물에 호기심을 가지고 주도적으로 놀이합니다.

이런 평가의 말들이 그저 의례적이고 기본적인, 별 의미 없이 누구에게나 적어 줄 수 있는 표현이라고 생각하는 사람들도 많을 것이다. 나 역시 그랬다. 첫째를 유치원에 보내기 전까지는 말이다. 그런 기본적인 표현조차 차마 쓸 수가 없어서 선생님의 피, 땀, 눈물로 간신히 채워진 첫째의 행동발달평가표 앞에서 나는 한없이 숙연해졌더랬다. 그래 봤기에 둘째의 행동발달평가표에 쓰인 말들이 어느 정도는 사실에 기반한 표현들이라는 것을 알았고, 또 그래서 둘째에게 고마움을 느꼈다. 가르치지 않아도 알아서 잘하는 둘째는 늘 나를 안심시켰고, 그렇게 절감한 에너지를 나는 또 첫째에게 쏟았다.

내게서 뻗어 나오는 신경 줄기를 눈으로 볼 수 있다면 가장 굵은 줄기를 포함한 대부분의 줄기가 첫째에게로 향해있을 것이다. 아주 가느다란 줄기 몇 가닥만으로 나는 둘째를 돌본다. 그래서 첫째 때는 절대 하지 않았을 실수, 그러니까 유치원에서 숲 활동 가는 날 물통을 깜빡하고 그냥 보낸다든지, 심지어는 숲에 간다는 사실을 통째로 잊어버리고 반팔 반바지 차림으로 보낸다든지 하는, 사소하지만 어미로서 심한 자책감에 빠져들게 하는 그런 실수들을 둘째에게는 종종 저지르곤 했다.

그렇다고 늘상 첫째는 버겁고, 둘째는 수월했던 것은 아니다. 아무리 별나도 첫째는 하늘이 내린다는 '맏이'다. 그래도 제 동생보다 어른에게 두 살 더 가까운 첫째는 자신의 요구와 어른의 입장이 상충할 때 어른의 입장을 헤아렸다. 잠자리에서 엄마를 독차지하려 드는 둘째에게 첫째는 자기의 요구를 끝까지 내세운 적이 없다. 동생이 울어대면 엄마가 힘들어한다는 것을 알았기 때문이다. 첫째는 "엄마 옆에 눕고 싶다"는 말 같은 건 하지 않았다. 다만 제게 허락된 아빠를 힘껏 끌어안았을 뿐. 둘째의 우는 소리가 싫어 그런 첫째의 마음을 알면서도 외면한 적이 많았다. 그런 첫째의 일화들은 두고두고 나를 울린다. 첫째는 왜 착한 것조차 부모를 마음 아프게 할까.

확실히 둘을 기르는 일은 쉽지 않았다. 첫째에게도 둘째에게도 미안한 기억뿐이다. 생각해보면 엄마라는 자들은 하나같이 자식을 낳을 때 자식에 대한 미안함도 함께 출산하는 모양이다. 아무것도 모르는 신생아를 품에 안고 "미안해, 미안해"를 연발하는 엄마들을 보면 확실히 그렇다. 두 아이에게 미안한 일은 많았지만 그렇다고 그게 두 아이의 엄마이기 때문은 아니었다.

엄마가 되기 전의 나와 엄마가 된 나는 사뭇 다른 사람 같다. 아이를 키우면서 세상에 얼마나 많은 입장이 존재하는지 비로소 깨달았다. 마찬가지로 한 아이의 엄마였던 나와 두 아이의 엄마인 나 역시 다른 인격체다. 두 아이를 키우면서 나는 '아이란 다 그렇다'는 사실과 '아이마다 다르다'는 사실, 모순된 두 가지 진리를 동시에 받아들였다. 앞서 첫째를 길러봤기에 첫째의 스케일에 한참 못 미치는 둘째의 저지레가 버겁지 않았고, 뒤이어 둘째를 기르면서는 둘째에게는 없는 첫째의 장점들을 발견했다. 두 아이는 서로의 다름과 같음으로 끊임없이 나를 일깨우고 겸허하게 했다.

둘째 가라사대, 형아가 있으면 형아랑 놀아서 좋고 형아가 없으면 형아가 날 때리지 않아서 좋단다. 둘째의 말이 맞다. 세상에는 마냥 좋기만 한 일도, 그저 나쁘기만 한 일도 없다.

부모의 사랑을 동생과 나눠야 했지만, 형제애라는 다른 모양의 사랑을 얻은 형아처럼.

날 때부터 형아에게 치이면서 자랐지만, 어디 가서도 밀리지 않는 배짱을 키운 동생처럼.

둘을 챙기느라 두 배로 고단했지만, 두 아이를 통해 세상을 바라보는 시야를

넓힌 부모처럼.

모든 일에는 장단이 있다. 동생이 있으면 있는대로 없으면 없는대로 좋은 점이 있다. 길게 떠들어놓고 결론이 황희 정승이라 미안하지만, 동생이 있는 게 좋다고 한들 덜컥 동생을 낳을 수도 없고, 동생이 있는 게 별로라고 한들 있는 동생을 도로 집어넣을 수도 없는 노릇이다. 동생이 없다면 없는 환경에서의 장점을 취하고, 동생이 있다면 있는 환경에서의 장점을 취하자.

친구랑 놀고 싶어

집 앞 유치원에 다니게 되면서 아이에게는 유치원 동기이자 동네 친구들이 여럿 생겼다. 더불어 내게도 알고 지내는 동네 엄마들이 생겼다. 짧은 시간 우리는 꽤 돈독해졌고 빈번하게 서로의 집을 오갔다. 한쪽에서 아이들이 놀고, 한쪽에서 엄마들끼리 수다를 떠는 시간은 굳이 달달한 간식이 곁들여지지 않아도 더없이 달콤했다. 모든 것이 좋았다. 아이와 나, 우리만 없으면.

울음소리가 들려오면 어김없이 그 중심엔 아이가 있었다. 자연스럽게 어울려 노는 친구들 속으로 아이는 도통 섞여 들어가지 못했다. 그러면서도 함께 놀고 싶은 마음에 친구들 주위를 맴돌다가 놀이에 걸리적거리기 일쑤였다. 친구가 조금만 싫은 소리를 해도 아이는 격하게 반응했다. 걸핏하면 소리지르고 떠밀고 들이받는 아이를 친구들은 경계하기 시작했다. 친구들이 자기를 싫어한다고 단정 지은 아이는 작정하고 어깃장을 놓았고, 그럴수록 친구들은 더 아이와 어울리기를 꺼렸다. 결국 친구가 울거나 아이가 울면서 자리가 파하는 날이 대부분이었고, 그런 날은 집에 돌아와서도 내내 어두운 분위기로 하루를 마무리했다. 아이를 재워놓고 낮에 있었던 일을 털어놓으면 아이 아빠는 나를 안쓰러워하며 함께 고민해주었지만, 다시 아침이 오면 아이와 하루를 보내야 하는 건 나였다. 당시의 심정은 일기장에 고스란히 담겨있다.

20XX. 12. 9.

순식간이었다 그건. 이틀 연속 하원길에 유치원 마당에서 친구들과 어울려 놀았다. 불과 두 달 전까지만 해도 하라가 뛰어들었다 하면 5분도 지나지 않아 큰 소리가 나고, 꼭 누군가 한 명이 울게 됐다. 그때마다 하라는 혼나고 약속하고 사과하고, 다시 어울려 놀다가도 3분 만에 같은 상황 반복. 나는 결국 폭발해서 작은놈 둘러메고 큰놈 질질 끌고 서둘러 귀가. 이런 식이어서 언제부턴가 친구들과 어울리는 자리는 피하게 됐다.

요 며칠은 크게 부딪치는 일 없이 한 시간 가까이 어울려 놀기에 마음을 많이 놓았다. 그렇다. 너무 많이 놓았다. 아이들이 노는 동안 엄마들은 엄마들끼리 이런저런 이야기를 나누는데 나는 대부분 이야기에 집중을 못 한다. 늘 중간중간 끼어들어서 뒷북을 친다. 그건 아들이 둘인 자의 숙명이다. 아들 2호가 좋아서 자지러지면 아들 1호가 어디선가 싸우고 있고, 아들 1호가 잠잠하면 아들 2호가 차도로 달려나가고 있다.

그렇게 한 시간을 서 있자니 발은 시려오고 얼마 전에 뽑은 사랑니도 아파오고 급기야 유치원에서는 따뜻한 커피를 내어왔다. 이른바 〈쟈들 집에 안갈라카노〉다. 어이쿠 이거 집에 가야겠다. 주섬주섬 짐을 챙겨 일어서는데 동네 언니에게서 비춘 한 줄기 빛. "다들 우리집으로 오렴."

발걸음도 가벼웁게 친구네로 향했다. 친구 집에 도착하자마자 스스로 "나는 손부터 씻을거야!" 외치는 하라와 "그치이, 손부터 씻는거지~" 화답하는 친구. 너무나 화기애애했다. 일곱 명의 아이들이 다들 자기 집 마냥 마음에 드는 곳에 자리를 잡고 마음에 드는 장난감을 골라잡아 각기 다른 세계에서 놀기 시작했다. 아무렴 어떠랴. 싸우지만 마라. 나만 귀찮게 하지 마라.

한 가정의 희생으로 우리 다섯 가정의 오후 시간은 너무도 순조롭게 다섯 시를 향해가고 있었는데…… 순식간이었다 그건. 별안간 하라가 장난감 차도를 무너뜨렸고, 놀란 친구가 하라에게 소리를 쳤고, 그대로 하라는 친구를 향해 돌진했다. 순간 내 마음에서도 뭔가가 와르르 무너져내렸다.

아. 안되는구나. 이 아이는 안되는구나. 앞으로도 계속 자기 행동으로 미움받겠구나. 그동안 그렇게 연습하고 애썼는데. 다 소용없다. 이 아이를 어떻게 해야 하지. 그런 생각들이 그 짧은 순간에 확 지나갔다. 그러나 어떤 순간에도 아이보다 먼저 감정을 추슬러야 했다.

"하라야, 사람은 사람을 때리면 안 되는 거야."

"응."

"하라야, 하라도 화가 날 수 있어. 하라도 화를 낼 수 있어. 그렇지만 사람은 절대로 사람을 때리면 안 돼. 때린 건 하라가 정말 잘못한거야."

"응."

친구에게 사과하라고 보냈더니 친구 정수리를 보며 미안하단다. 마음이 풀리지 않은 친구가 사과를 받아주지 않으니 다시 달려드는 하라를 급히 떼어놓았다. 여기서 2차 카오스가 올 뻔했지만, 다시 정신을 붙잡았다. 붙잡는다고 붙잡았으나 이성 한 가닥이 풀려 화났을 때의 목소리와 표정이 그대로 나왔다.

"하라야, 집에 가자. 엄마는 이제 친구 집 오기 전에 두 번 세 번 더 생각할거야. 오늘 하라가 참지 못해서 우린 먼저 가는거야. 집에 가."

난리가 났다. 쉴 새 없이 눈물로 호소한다. 가만히 들어보니 "엄마 잘못했어요.", "더 놀고 싶어요 제발요.", "한 번만 용서해주세요.", "용서해주면 안 돼요? 제발요." 계속 엄마에게 용서를 구하고 있다. 아. 얘가 뭔가 잘못 알고 있구나. 내가 명확하게 얘기하지 않아서 아이가 불안해하는구나. 목소리에서 화난 기운을 빼고 아이를 불렀다.

"하라야, 엄마 얘기 들어봐."

아이는 여전히 어깨를 들썩거리며 애절한 눈빛을 보냈다.

"엄마는 언제든지 하라를 용서해. 엄마는 하라 마음도 알아. 하라가 무슨 행동을 해도 엄마는 하라를 이해해."

아이의 들썩거림이 조금씩 잦아들었다.

"그치만 다른 사람은 그렇지 않아. 하라가 행동하는 대로 하라를 보는 거야. 하라가 친구를 때리면 하라는 친구한테 때리는 사람이 되는 거야."

아이를 데리고 집으로 돌아와서 다시 차분히 이야기를 시작했다. 상황을 돌아보고 아이의 잘못을 짚어주었다.

- 싸움의 시작은 하라.

- 친구가 놀던 장난감을 하라가 망가뜨렸다.

- 친구가 화를 내서 하라도 화가 났을 것이다.

- 하라도 화가 나면 화를 낼 수 있다.

- 친구는 화를 냈지 하라를 때리지는 않았다.

- 아무리 화가 나도 다른 사람을 때리는 건 절대 안 된다.

그로부터 5일이 경과한 또 다른 날의 일기다.

20XX. 12. 14.

예정에 없던 남편의 야근 소식에 날 선 말이 튀어나왔다. 그만큼 마음의 여유가 없는 날이었다. 분노와 눈물의 하원을 마치고 유치원 놀이터에서의 규칙을 정했다.

1) 공룡 놀이 하지 않기(바닥을 기어 다니는 모든 놀이 포함)

2) 길 막으며 방해하지 않기

3) 미운 말 하지 않기

4) 꽥 소리 지르지 않기

5) 친구 밀거나 때리지 않기

즉, 지금까지는 이래왔다는 것이다. 사람답게 바닥에 발을 딛고 걸으면서, 차례차례 순서를 지키면서, 화가 나도 충동적인 언행은 자제하면서, 함께 논다는 것이 이리도 어려운가. 지금까지 지켜봐 왔던 건 시간이 지나면 나아지겠지, 아직 다섯 살이라 그렇지, 하는 생각에서였다. 이제 여섯 살까지 보름밖에 남지 않아서일까, 오늘은 그 모습을 지켜보기가 무척 힘이 들었다. 진심으로 괴로웠다.

물론 나는 잘 안다. 내 속으로 낳아 기른 내 자식, 아직은 내 품 안의 자식, 나만은 그 속을 이해한다. 짜증과 버럭이 일상인 엄마를 만나 자신도 아직 어릴 때 더 어린 동생을 맞고 원치 않는 상황 속에 놓인 날이 많았다. 그렇게 늘어난 눈치와 갈 곳 없는 분노가 오늘, 지금, 엄한 데서 터져 나오는 것이다. 그러니 나만은 너를 이해한다, 언제까지고 끌어안아 달래주고 싶지만. 세상에 사연 없는 부모와 아이가 어딨을까. 모든 아이는 나는 순간부터 엄마에겐 눈물이고 웃음이고 가슴 저미는 사랑이다. 하라는 내게 귀하고 중한 아이지만, 어느 누구보다도 귀중한 아이는 아니다. 모든 아이는 다 귀하다. 내 아이가 행복하려면 내 아이의 선생님도 행복하고, 내 아이 친구도 행복하고, 내 아이 친구의 부모도 행복해야 한다는데. 진정 그렇다.

"하라도 억울한 게 있을 거야. 하라가 속상하면 엄마도 속상해."

말이 끝나자마자 눈시울을 붉히는 여리고 거친 아들아. 여리거든 거칠기나 말고, 거칠거든 여리기나 말지. 타고난 심성을 어쩌겠니. 엄마도 책임이 있으니 거친 행동은 다듬어가고 여린 마음은 단련해보자. 나는 네가 어울려 행복했으면 좋겠다. 힘껏 사랑하고 양껏 사랑받길 바란다. 나에게서만 아니라 너를 아는 많은 사람에게서.

많은 부모가 아이가 다섯 살쯤 되면 육아가 수월해진다고들 한다. 아이가 기관에 들어가고 친구와 어울려 놀게 되면서 부모의 물리적·심리적 여유가 늘어나는 시기이기 때문이다. 같은 시기에 내게는 새로운 고민이 시작됐다. 다섯 살이 된 아이는 더 이상 부모에게서 받는 사랑만으로 만족하지 못했다. 친구를 원하면서도 거부당하는 것이 두려워 짐짓 과격한 행동으로 관심을 요구했다. 아이의 비뚤어진 의사 표현을 친구들은 물론이고 때로는 엄마인 나조차 버겁다고 느꼈다.

tips

ADHD 아이와 대화하기

❶ "왜 그래?" 사용 금지

기본적으로 아이들은 어른보다 에너지와 상상력이 넘치고, 충동적이다. 아이 때를 지나왔으면서도 어른은 아이의 아이다움을 힘들어하고 때때로 이해할 수 없다고 느낀다. 그럴 때 많은 부모가 아이를 향해 묻는다. "왜 그래?"

그러나 이 순간, "왜 그래?"는 질문이 아닌 질책이다. 어떤 답을 해도 혼날 것을 알기에 아이들은 입을 다문다. 그런 아이가 못마땅한 부모는 재차 묻는다. "도대체 왜 그러느냐고?"

추궁이다. 답이 없는 질문을 던져놓고 아이가 대답할 때까지 몰아세우는 것은 비겁한 처사다. 차라리 "하지 마!"라고 단호하게 주의를 주는 편이 낫다.

자칫 "왜 그래?"라는 표현은 아이의 존재를 부정하는 말이 될 수 있기 때문에 더 조심스럽다. "재앙을 떤다"는 말이 왜 있겠는가. 동서고금을 막론하고 어린 것들은 사고를 친다. 예나 지금이나 아이들은 장독을 깨뜨리고 짚단을 홀랑 태운다. 재미로 시작한 것이 운이 나빠 사고로 번졌을 뿐, 동기 자체가 흉악한 아이는 드물다. 이미 일어난 일을 두고 무슨 생각으로 이런 짓을 저질렀느냐고 따져 물으면 내 앞의 아이는 돌이킬 수 없는 잘못을 저지른 구제 불능의 문제아가 되고 만다. 어떤 사건 앞에서도 아이를 '돌이킬 수 없는' 존재로 취급해서는 안 된다. 아이는 악의 씨앗이 아니다. 말이 통하는 존재, 개선 가능성이 있는 존재다.

❷ 한 번에 하나씩 지시하기

주로 바쁜 아침에 부모는 아이를 향해 다음과 같은 복합 문장을 구사한다.

"빨리 양치하고 세수하고 옷 갈아입어! 가방은 다 쌌어? 연필 미리미리 깎아 놓으랬잖아!"

아이는 혼란스럽다. 연필을 깎아야 할지, 양치를 해야 할지, 옷을 입어야 할지 몰라 허둥거리다가 슬슬 눈치를 보며 연필을 깎기 시작한다.

"연필은 나중에 깎고 양치부터 얼른 하라고! 어휴 답답해!"

연필을 깎으래서 연필을 깎았을 뿐인데, 연필을 깎았다고 아침부터 혼이 난다. 아이가 말귀를 못 알아듣는다고, 눈치껏 알아서 하는 법이 없다고 탓하지 말라. 부정확한 말로 괜한 눈치를 보게 만든 부모의 탓이다.

한 문장 안에 주어지는 지시가 많으면 우선순위를 정하기 어렵다. 순서대로 하나씩 알려주는 것이 아이 입장에서는 기억하기도 쉽고, 무엇을 먼저 할지 고민하는 시간도 줄일 수 있다.

"밥 다 먹었으면 이제 양치하자."

"양치 다 했어? 그럼 세수도 하고."

"씻었으면 옷 입어."

이렇게 한 문장에 들어가는 지시가 최대 두 개를 넘지 않도록 하자. 미취학 아동의 경우엔 더 세세하게 하나하나 알려주어도 괜찮다. 예를 들어 "옷 갈아입자." 라는 하나의 지시사항은 아래와 같이 나누어질 수 있다.

"위아래 내복 벗자." → "바지 입자." → "양말 신자." → "웃옷 입자."

이렇게까지 하나하나 설명해주어야 할까, 자칫 아이를 바보로 키우는 게 아닐까 걱정이 될 수도 있을 것이다. 시간이 지나면 저절로 습득하는 것들이라고 해도, 설명이 필요한 시기엔 충분히 설명을 해주는 것이 오히려 아이의 독립 시기를 앞당긴다. 정확한 지시와 충분한 설명을 듣고 자란 아이들은 자신감 있게 모든 일에 임한다. 그러나 제대로 알려주지도 않고 윽박만 지르는 부모는 아이를 늘상 눈치보는 바보로 만든다.

❸ 거절은 길게

어른들은 아이의 욕구를 얕잡아보고 대수롭지 않게 넘기려는 경향이 있다. 아이들은 결코 마구잡이가 아니다. 아이들의 욕구에도 나름의 이유와 정당성이 있다. 다만 욕구가 과격한 행동으로 발현되는 바람에 주위의 눈총을 받는 것이 문제다. 그렇다고 무작정 아이를 윽박질러 지금 잠시 내 뜻대로 움직이게 하는 것은 아무런 훈육이 되지 않는다. 과격한 행동은 개선하되, 욕구는 인정해주어야 한다. 이를 위해서는 다음의 다섯 글자를 머릿속에 새기는 것이 도움이 된다.

'거절은 길게'

'거절은 길게'란 아이의 요구가 다소 터무니없게 들리더라도 딱 잘라 거절하기보다는 대안을 주어 아이 스스로 선택하게 하는 대화 요령이다. 일상의 많은 순간에서 아이들은 폭군이다. 한번 시동이 걸렸다 하면 우는 소리로 사람도 죽이겠다 싶을 정도로 억지를 부린다. 엄마에게 타협할 수 없는 지점이 있는 것처럼 아이에게도 물러설 수 없는 욕구가 있기 때문이다. 어른이라는 이유로 아이를 꺾으려 하지 말고 어른인 엄마가 먼저 뜻을 굽혀야 한다.

상황 1 처음 보는 공룡 이름을 격렬하게 알고 싶은 아이와 파충류가 지긋지긋한 엄마

아이 : 엄마, 이건 무슨 공룡이야?

엄마 : 모르겠는데.

아이 : 엄마 알잖아아아!

엄마 : 아니 진짜 몰라!(세상 억울)

아이 : 알잖아아아아아아악아앙!

엄마 : 엄마 말 좀 들어봐. 엄마는 이날 이때까지 공룡 이름이 궁금했던 적이 한 번도 없어. 네가 다섯 살이 될 때까지 엄마는 티라노사우루스밖에 몰랐고, 네가 지금 알고 있는 공룡 이름이 내가 아는 공룡 이름의 전부라고. 엄마는 지구 과학도 싫어하고 심지어 한국 지리, 세계 지리도 겁나 싫어해. 지금 살고 있는 이 땅에 옛날에 뭐가 살았는지 왜 이제 없는지 하나도 안 궁금하다고!

아이 : …… 아아아아아앍아앙앍려줘!!!!

이래선 그냥 성의 있게 성질내는 엄마일 뿐이다. 이런 식으로는 거절의 말이 아무리 길어져봤자 쓸 데가 없다.

상황 2 아이스크림이 먹고 싶은 아이와 아이의 기침 소리가 무서운 엄마

아이 : 엄마, 아이스크림 먹고 싶어.

엄마 : 기침하는데 아이스크림은 뭐언 아이스크림이여.

아이 : 아이스크림 먹!고!싶!다!고!

엄마 : 안돼. 다음에.

아이 : 아.이.스.크.림!!!!!!!

엄마 : 아이스크림 먹고 기침 심해지면 병원 가서 입원해야 돼. 주사 맞고 입원할래?

아이 : 주사 안 맞고 입원 안 하고 아이스크림만 먹을 거야 이이이이잉이이!!!!!

막무가내인 아이와 논리적인 척하는 엄마가 싸우고 있다. 엄마도 모르는 게 있고, 해줄 수 없는 게 있고, 하기 싫은 것도 있다는 것을 아이는 받아들이기 어렵다. 그 사실을 아이에게 납득시키는 것은 불가능에 가깝다. 이때 아이가 마음 상하지 않고 물러설 수 있도록 엄마가 먼저 한발 물러나서 선택지를 제시하는 것이다. 거절은 길게, 최대한 성의있게, 충분한 설명을 곁들인다.

상황 1-1 처음 보는 공룡 이름을 격렬하게 알고 싶은 아이와 파충류가 지긋지긋한 엄마

아이 : 엄마, 이건 무슨 공룡이야?

엄마 : 글쎄 그 공룡은 엄마도 잘 모르겠네.

아이 : 엄마 알잖아아아!

엄마 : 진짜 모르는데? 근데 입 모양이 트리케라톱스 닮았네!

아이 : 그럼 얘 이름은 뭔데?

엄마 : 엄마가 기억해놓을게. 입 모양이 트리케라톱스 닮았고 타조처럼 생긴 공룡, 이따가 찾아보자.

상황 2-1 아이스크림이 먹고 싶은 아이와 아이의 기침 소리가 무서운 엄마

아이 : 엄마, 아이스크림 먹고 싶다.

엄마 : 그래. 아이스크림 먹은 지 오래됐다 그치.

아이 : 응! 오래됐어.

엄마 : 근데 하라가 지금 기침이 심해서 어쩌지?

아이 : 아아아 괜찮아. 기침해도 괜찮아!

엄마 : 오늘 아이스크림을 이만큼 먹으면 밤에 자다가 기침이 계속 나와서 토할지도 몰라. 그래도 괜찮아?

아이 : 아니야, 토 안 해. 아이스크림 사주라 엄마, 제발 제발요.

엄마 : 그러면 이렇게 하자. 막대기에 붙은 아이스크림 말고 통에 든 아이스크림 사자.

아이 : 왜? 난 막대기 붙은 게 좋은데.

엄마 : 막대기에 붙은 건 한번 뜯으면 다 먹어야 하잖아. 통에 든 아이스크림 사 가서 덜어 먹자. 오늘은 조금만 덜어서 먹고 기침 다 나으면 그땐 더 많이 먹게 해줄게. 대신 하라가 좋아하는 맛으로 사자. 이리 와서 봐봐. 무슨 맛 좋아해?

아이 : 이거! 녹차맛!

물러서는 법을 모르는 아이 대신 엄마가 물러서면 싸움이 줄어든다. 처음엔 어렵지만, 자꾸 연습하고 반복하면 이 대화가 익숙해진다. 속에서 천불이 올라와도, 당장 쫓아가서 머리끄덩이부터 잡고 싶어도, 뒤돌아서서 조용히 욕을 뱉을지언정 아이 앞에서는 일관된 표정과 차분한 말투로 '성의 있는 거절'이 가능해진다. 단련이 되는 것이다.

❹ 반복해서 설명하기

"안 돼!" 한마디면 끝날 일을 두 문장, 세 문장 설명하는 일은 버겁다. 밥을 짓다가, 빨래를 널다가, 청소기를 돌리다가 모든 행동을 멈추고 아이가 납득할 때까지 설명을 반복하다 보면 복장이 터질 것 같다. 그나마도 아이가 납득하지 못할 땐 스스로가 한심해진다. 알아듣지도 못하는 아이를 붙들고 백날 주절거리는 게 무슨 의미가 있을까. 가끔은 이런 생각도 든다.

'언제까지 구구절절 설명해야 돼?'

'이런 것까지 일일이 가르쳐야 돼?'

또래 아이들이 알아서 하지 않는 행동을 이 아이는 한다. 모두가 본능적으로 가지고 있는 위험하거나 더러운 것에 대한 꺼림, 말하지 않아도 자연스럽게 알고 따르는 규칙들이 아이에게는 내재되어 있지 않다. 대개의 아이가 알고 있는 것을 모르니 구구절절 설명하고 일일이 가르치는 수밖에 없다. 위험을 감지하거나 눈치껏 행동하는 능력이 거의 없다시피 한 아이를 둔 엄마의 숙명이다.

정말 슬픈 건 이렇게까지 했는데도 아이가 똑같은 잘못을 반복한다는 것이다. 반복되는 실수에는 반복되는 설명만이 답이다. 이 과정에서 반드시 유념해야 할 것은 큰 소리로 말한다고 해서 아이의 머릿속에 더 빨리 각인되지 않는다는 사실이다. 화를 내는 것은 아무 소용이 없다. 지나치게 친절할 필요도 없다. AI 스피

커처럼 감정을 빼고 같은 말을 되풀이하라. 아이가 기억할 때까지 매일이 처음인 것처럼 무엇이 잘못되었는지를 설명하자. 이런 아이들은 규칙을 받아들이기까지 많은 시간과 노력이 필요하지만, 한번 받아들이고 나면 본인의 납득이 스스로에게 법률이 된다.

❺ 아이의 감정에 호소하기 (공감형)

상황 1 높은 곳에서 뛰어내리고 싶은 아이와 말리고 싶은 엄마

엄마 : 높은 곳에서 뛰어내리면 안돼.

아이 : 왜?

엄마 : 다칠 수 있어.

아이 : 나 전에도 안 다치고 뛰어내렸는데?

엄마 : 그러다 실수하면 다칠 수 있어.

아이 : 난 실수 안 해.

엄마 : 하지 말라면 하지 마. 빨리 내려와.

아이는 말대꾸를 하는 것이 아니다. 본인의 주장을 펴는 것이다. 아이의 입장에서는 정당한 주장이다. 아이는 여태 안 다치고 잘만 뛰어내렸고, 앞으로도 다치지 않을 자신이 있기 때문이다. 결국 엄마는 버럭하고 아이는 불만이 가득한 채 억지로 행동을 멈추게 된다. 이런 식으로는 훈육이 이루어지지 않는다. 시간이 지나 같은 상황에서 같은 실랑이를 반복하게 될 가능성이 높다.

때로는 논리보다 감정에 호소하는 것이 훨씬 효과적이다. 특히, 공감 능력이 발달했거나 엄마와의 관계가 원만한 아이의 경우 즉각적인 반응을 보인다.

"높은 곳에서 뛰어내리면 위험해. 잘못하면 너도 다칠 수 있고, 밑에 있는 친구도 다칠 수 있어. 그럼 엄마는 정말 마음이 많이 아플 거야."

이런 아이들에게는 '다칠 수 있다'는 사실보다 '엄마가 마음이 아프다'는 사실이 행동을 멈춰야 할 타당한 이유가 된다.

❻ 본인에게 닥칠 수 있는 불이익을 구체적으로 설명해주기 (논리형)

이성적 사고를 중시하는 아이에게는 감정에 호소하기보다 사실관계를 명확하게 짚어주는 것이 좋다.

"맞아. 넌 아마 다치지 않고 잘 뛰어내릴 거야. 여태까지도 그랬으니까. 그런데 사고라는 건 언제 어떻게 일어날지 몰라. 너에게도 사고가 일어날 수 있어. 아주 연습을 많이 하는 다이빙 선수도 잘못 뛰어내려서 크게 다치는 경우가 있거든. 만약에 운이 나빠서 잘못 떨어지게 되면 백 밤도 넘게 바깥에 못 나가고 누워서 지내야 할지도 몰라."

잘못된 행동으로 본인에게 닥칠 수 있는 불이익을 실제 사례와 함께 구체적으로 설명해주는 것이다. 어른의 제재에도 잘못된 행동을 멈추지 않는 아이들은 대개 행동을 멈추어야 할 이유를 찾지 못해서인 경우가 많다. 잘못으로 인한 대가를 알려주어 행동을 멈춰야 할 이유를 일깨워주자.

이상 여섯 개의 대화 원칙은 언제 어디서나 누구에게든 써먹을 수 있다. 오늘 아이를 향한 주절거림은 절대 헛수고가 아니다. 부모로 보낸 시간은 내면에 켜켜이 쌓여 아이의 엄마가 아닌 나 자신으로 살아갈 때도 든든한 자산이 된다. 그러니, 힘내시라.

일곱살, 유치원을 그만두다

아이의 유치원 생활은 생각보다 평탄했다. 아이를 둘러싼 크고 작은 사고는 늘 있었지만 어디까지나 '유치원에서 일어날 법한 일'의 범주에서 발생했다. 대부분의 학부모는 나의 사과를 너그럽게 받아들였고 유치원에서도 아이의 일을 크게 문제 삼지 않았다. 날이 갈수록 아이는 말귀가 통했고, 어울려 노는 단짝도 생겼다. 이대로라면 무리 없이 유치원 졸업을 바라볼 수도 있겠다고 마음을 놓은 순간, 일상에 균열이 찾아왔다.

다섯 살 후반부터 여섯 살을 거쳐 일곱 살로 넘어갈 때까지 차츰 안정되어가는 모습으로 희망을 주던 아이는 일곱 살 후반에 갑자기 이제까지와는 비교도 할 수 없을 정도의 산만함을 보이기 시작했다. 그전까지는 목소리가 크고 행동이 과격해서 이목을 끄는 정도였는데, 이제는 유치원의 모든 일과와 규칙을 통째로 거부하려 들었다.

한번 시작된 균열은 걷잡을 수 없이 가속화되었다. 수업 중에 친구와

몰래 교실을 빠져나가 옥상까지 올라가지를 않나, 하원 시간에 혼자 유치원 마당에 숨어 유치원을 발칵 뒤집어놓지를 않나, 위험천만한 순간들이 매일같이 반복되었다. 유치원에서는 관리 소홀에 대해 미안함을 표했지만, 나야말로 죄인이 된 기분이었다. 그러잖아도 격무에 시달리는 선생님들에게 내 아이가 두 배는 더 보태고 있는 것 같았다.

"도저히 통제가 안 되는 날은 집으로 전화주세요. 제가 늘 집에 있으니 언제든 하원 시킬 수 있어요."

이런 나의 제안이 지나친 배려였을까? 하루가 멀다 하고 유치원에서 전화가 걸려왔다.

"어머님, 곧 숲에 가야 하는데 하라가 아침 내내 너무 산만해서요."

"어머님, 가을소풍이 야외라 하라가 아무래도 불안해서요."

"어머님, 하라가 오늘 유독 행동이 커서요."

내가 상시로 대기하고 있다는 사실이 선생님의 마음에 조금이나마 여유를 주기를 바랐던 건 사실이지만, 이런 상황까지 각오한 것은 아니었다. 내리 사흘을 등원한 지 한 시간도 안 되어 아이를 데리고 집에 돌아오는 일이 반복되자 나는 결단을 내려야겠다고 생각했다. 이런 상황이 지속된다면 유치원과 나는 결국 반목하게 될 것이다. 유치원을 그만두기로 했다. 선생님은 아쉬워하면서도 강력하게 우리를 붙잡지는 않았다. 그 마음을 이해했다. 늘 조마조마한 마음으로 아이를 주시하느라 힘들었을 선생님에게 그간의 노고에 대해 감사를 표했다. 서로에게 최선의 선택이었다.

이렇게 시원할 수가. 아침에 두 아이 동시에 챙기느라 닦달할 필요도, 유치원에서 전화가 걸려올까 봐 마음을 졸일 필요도 없어졌다. 모두가 일터로, 학교로, 기관으로, 심지어 아이의 동생마저도 유치원으로 간 그 시간에 나와 아이에게는 불편한 자유, 무거운 자유가 주어졌다. 학교 입학까지 반년이 남은 시기였다. 계절은 막 가을에서 겨울로 넘어가고 있었다. 미세먼지 앱에는 매일같이 빨간 불이 들어왔다. 그래도 나갔다. 아이와 나의 일상에 빨간 불이 들어왔는데 정작 우리는 마스크를 써야 할지, 공기청정기를 사야 할지, 그냥 창문을 꽉 닫고 있어야 하는지 아무것도 알 수가 없었다. 그래서 나갔다.

강변을 달렸다. 나는 달리고 아이는 자전거를 타고 앞서거니 뒤서거니 했다. 그 시간이 나쁘지 않았다. 찬바람을 맞으며 달리고 있으면 얼마 안 가 땀이 나고 숨이 찼다. 아이와 나는 어디에도 속해있지 않지만, 지금 여기에 살아서 땀을 흘리고 숨을 몰아쉰다. 우리는 살아있다, 그러니까 살아야 한다는 생각을 하며 달렸다.

배낭을 메고 산에 올랐다. 배낭에는 물, 간식거리, 미술 도구들을 챙겨 넣었다. 등산 중에 만나는 모든 사람에게 인사를 건넸다. 아이는 나를 따라 꾸벅 인사를 했다. 소리가 작아도 나무라지 않았다. 인사를 함으로써 처음 보는 사람과도 교감할 수 있다는 걸 아는 것만으로 되었다. 산에서 내려올 땐 쓰레기는 물론이고, 물감을 씻었던 물, 아이가 그림을 그린 돌까지도 모두 챙겼다. 다른 사람을 불편하게 하는 줄도 모르고 불편을 주는 아이에게 조금도 나쁜 것을 가르치고 싶지 않았다. 언젠가 운전 연수를 받다가 아이 아빠에게 물어본 적이 있다. 그냥 중앙선을 가로질러서 건너편 주유소로 바로 들어가면 안 되는 거냐, 다른 차들은 그리하던데 왜 굳이 빵빵 돌아가는 길을 가르쳐 주느냐고 물어봤을 때 아이 아빠의 대답은 다음과 같았다. "너는 아직 운전이 미숙해서 잘못을 해 놓고도 뭐가 잘못인지 모르잖아. 그럴 땐 딱 정석대로만 하는 거야. 좋은 것만 배워야지."

아이를 향한 내 마음이 딱 그랬다. 모두가 알고 있는 경계를 아무렇지도 않게 넘나드는 아이에게 적어도 도덕적 결함만큼은 생기지 않도록 하고 싶었다.

거의 매일같이 도서관에 갔다. 유치원만큼 많은 경험을 시켜줄 수 없는 내게, 도서관은 아이와 함께 여행을 떠날 수 있는 유일한 통로였다. 책 속에서 우리는 어디로든 갈 수 있었다. 6개월간 우리가 거기서 소리 죽여 읽은 책이 족히 오백 권은 될 것이다. 아이 역시 도서관에서는 나름 목소리와 행동을 조절하려 애썼다. 공공장소에서 조용히 있는 연습을 하기에 도서관은 최적의 장소였다.

모두가 각자의 자리로 떠난 시간, 아이와 둘이서 보내는 시간은 생각보다 바쁘고 즐거웠다. 아무 문제도 없는 건 아니었다. 그런 건 우리에게 있을 수가 없으니까. 아이는 유치원을 그만두었지만, 아이의 동생은 여전히 아이가 다니던 유치원에 다니고 있었다. 동생의 등·하원 길에 가방도 없이 따라나선 아이를 볼 때마다 동네 엄마들과 아이 친구들은 어김없이 물었다.

"하라 이제 유치원 안 가요?"

"동생은 가는데 하라는 왜 안 가요?"

그때마다 나는 그냥 어색하게 웃고 말았다. 어색하게 웃는 엄마 옆에서 아이는 무슨 생각을 했을까.

하루는 아이의 동생을 데리러 유치원에 갔다가 하원 차량을 타려고 신발장에서 대기하던 아이의 같은 반 친구들과 딱 마주쳤다. 아이를 보자마자 친구들은 반가움과 호기심으로 일제히 말을 걸어왔다.

"하라 이제 유치원 안 다녀요? 왜요?"

"하라야, 너 이제 유치원 안 다녀? 언제 다시 나와?"

"나 오늘 유치원에서 하라 동생 봤는데! 하라야, 왜 너는 안 와?"

쏟아지는 관심이 쑥스러웠던지 어색하게 웃으며 아이는 답했다.

"나 이제 유치원 못 다녀. 내가 너무 말을 안 들어서……."

깜짝 놀란 나는 얼른 아이의 말을 정정했다.

“아줌마가 하라랑 더 많은 시간을 보내고 싶어서 학교 가기 전까지는 집에서 같이 놀기로 했어. 내년에 학교에서 만나자.”

유치원을 그만둘 때 나는 아이에게 학교 가기 전에 엄마와 함께 집에서 보내는 시간을 가지면 어떻겠냐고 물었고, 아이는 크게 끄덕이며 좋다고 답했다. 그런데도 아이는 자신이 문제를 일으켜 유치원에서 쫓겨났다고 생각하고 있었다. 유치원을 그만두던 당시의 분위기에서 어떤 낌새를 감지했던 모양이었다. 아이라고 해서 아무것도 모르는 게 아니라는 걸, 아이를 대할 때는 말의 내용뿐 아니라 표정과 말투 또한 잘 다듬어야 한다는 걸 다시금 깨달았다.

유치원에서 쫓겨났다고 생각하고 있는 아이에게, 여전히 유치원에서 잘 지내고 있는 친구들을 만나는 일이 마냥 반가웠을 리 없다. 아이의 동생은 차량을 이용해서 등·하원 하기로 했다. 집 앞에서 차로 오가니 아이가 떠나온 유치원을 보며 그때를 상기할 필요도, 다른 사람들에게 매일 똑같은 질문과 답을 반복할 일도 없었다. 일상을 뿌리째 흔들 것 같았던 변화가 서서히 일상으로 자리 잡아갔다.

tips

홈스쿨링 시간표

반년 동안 우리의 커리큘럼은 아래의 시간표를 기본으로 날씨와 상황에 맞춰 유동적으로 운영되었다.

<table>
<tr><th colspan="2"></th><th>월</th><th>화</th><th>수</th><th>목</th><th>금</th></tr>
<tr><td rowspan="2">오
전</td><td>1교시</td><td>강변 산책</td><td>청소&다도</td><td>강변 산책</td><td>강변 산책</td><td>영화감상</td></tr>
<tr><td>2교시</td><td>한글 공부</td><td>한글 공부</td><td>한글 공부</td><td>한글 공부</td><td>영화감상</td></tr>
<tr><td rowspan="2">오
후</td><td>3교시</td><td>도서관</td><td>등산
(물감놀이)</td><td>도서관</td><td>그림 그리기</td><td>도서관</td></tr>
<tr><td>4교시</td><td>도서관</td><td>등산
(물감놀이)</td><td>도서관</td><td>그림 그리기</td><td>도서관</td></tr>
</table>

❶ 강변산책

주기적으로 강변 산책로에 나가 뛰는 일은 일상에 활기를 불어넣었고, 아이에게 뒤처지지 않을 체력을 길러주었다. 문제는 아이가 나의 뛰는 속도를 따라오지 못한다는 것이었다. 뛰는 것을 좋아하는 줄 알았던 아이는 '뛰는 것' 자체를 좋아한다기보다 좋아하는 일을 하기 위해서 '뛰는 것'을 마다하지 않았을 뿐이었다. 궁리 끝에 아이는 자전거를 타고, 나는 달려서 강변 산책로를 왕복했다.

❷ 등산 + 물감 놀이

아이가 목적이 있을 때 더 적극적으로 몸을 쓴다는 사실을 알게 된 나는 아이에게 제안했다.

"하라야. 우리 산에 갈래? 산꼭대기에 가서 물감으로 그림 그리자."

좀처럼 집에서 쓰지 못하는 '물감'을 협상 카드로 꺼내 들자 아이의 눈이 반짝 빛났다. '물감 놀이'라는 목표가 생긴 아이는 오르막길도 거뜬하게 올랐다. 빈 종이에 물감을 짜 데칼코마니를 하기도 하고, 굴러다니는 나무와 돌에 색칠을 하기도 했다. 물감 놀이를 마치면 우리는 그 자리를 깨끗이 정돈했다. 머무른 흔적을 남기지 않는 것, 인간으로서 지켜야 할 기본 중의 기본이었다. 나는 아이가 높은 도덕성을 갖기를 원했다. 혹시나 아이가 실수하게 되어도 아이를 지켜낼 보험이 되어줄 수 있도록.

❸ 청소&다도

공기가 몹시 안 좋은 날은 집에서 머물렀다. 집에서도 할 일은 많았다. 이틀에 한 번 꼴로 우리는 함께 청소를 했다. 책을 정리해서 책꽂이에 꽂고, 장난감을 분류해서 제자리에 찾아 넣는 일을 아이는 곧잘 했다. 자신의 힘으로 말끔해진 집안을 보며 아이는 뿌듯해했고, 나는 아낌없이 아이의 공로를 칭찬해주었다.

함께 집 안 청소를 마친 뒤 우리는 종종 차를 마셨다. 물을 끓여서 다관에 부어주는 것 외에는 다도의 모든 순서를 아이에게 맡겼다. 시간이 갈수록 아이는 능숙하게 찻잎을 계량하고, 진득하게 찻잎이 우러나오기를 기다리고, 절도있게 찻

잔에 차를 따라줄 수 있을 정도로 조절력이 생겼다.

❹ 한글 공부

아이는 일곱 살 후반까지 한글을 읽지도 쓰지도 못했다. 글을 깨우쳐 빠르게 정보를 받아들이는 것보다는 사물과 현상 속에 담긴 의미를 유추하는 것이 미취학기 아이에게 더 필요한 활동이라고 생각했기에 그냥 내버려두었다. 그러나 겨울을 지내고 나면 아이는 학교에 갈 것이었다. 입학 후, 환경 변화에 따른 스트레스에 한글 공부에 대한 부담까지 끌어안게 하고 싶지 않았다. 한글 공부 교재를 사서 직접 가르치다가 사흘 만에 백기를 들었다. 'ㄱ'과 'ㅏ'가 만나서 이루어진 글자를 왜 '가'라고 읽어야 하는지 아이에게 설명하는 것은 내 능력과 인내심으로는 역부족이었다.

매일 10분씩 EBS <한글이 야호>를 보고 그날 배운 단어를 받아쓰게 했다. 그렇게 6개월간 매일같이 '한글이 야호 시청 후 받아쓰기'를 꾸준히 해낸 아이는 웬만한 받침 글자까지 모두 깨친 뒤 학교에 들어갈 수 있었다. 교육 방송을 우습게 보지 말자. <한글이 야호>는 현존하는 어떤 한글 교육 프로그램보다도 체계적이고 효과적이다.

❺ 도서관

이틀에 한 번은 도서관을 찾았다. 도서관 2층 창가 쪽에 놓인 등받이 없는 긴 소파가 우리의 고정석이었다. 아이는 공룡과 생태에 관련된 책을 좋아했고 나는 그림책에 관심이 많아서 우리는 서로 고른 책들을 상대에게 보여주는 재미로 시간 가는 줄 몰랐다. 아이가 같은 카테고리의 책만 보는 것에 대해서 나는 크게 관여하지 않았다. 그저 아이가 고른 책과 내가 고른 책을 골고루 함께 읽어주었다. 공룡 책 말고도 재미있는 책이 많다는 걸 알게 된 아이는 곧 스스로 그림책 코너에 가서 기웃거렸다. 때로는 책에서 기억에 남는 장면을 함께 그려보기도 했다. 커다란 수박 수영장을 그리느라 하루 만에 빨간 물감을 다 써버렸지만, 우리 둘만 공유할 수 있는 뿌듯함은 오래 갔다.

❻ 영화감상

금요일은 노는 날. 어떤 생산적인 일도 하지 않기로 정했다. 팝콘을 한 양푼 튀겨놓고 온 집안을 어둡게 한 뒤에 둘이 앉아 영화를 봤다. 영화를 본 뒤에는 자연스럽게 각자의 감상을 나누었는데 영화 내용에 대한 아이의 이해도가 높아서 내심 놀란 적이 많았다.

가령 영화 <라따뚜이> 속에서 아무런 설명 없이 '등장인물의 어린 시절'이 펼쳐지자 아이는 잠시 어리둥절하다가 이내 그것이 '회상'이라는 것을 알아차렸다. 영화가 끝나고 나서 등장인물이 라따뚜이를 먹고 왜 그렇게 기뻐했는지를 넌지시 물었더니 아이는 당연한 걸 묻는다는 표정으로 대답했다. "어릴 때 엄마가 해준 거랑 똑같은 맛의 라따뚜이를 어른이 돼서 다시 먹었으니까!" 아이는 이야기의 장치와 맥락을 정확하게 파악하고 있었다. 이 정도면 됐다. 학교에 들어가도 수업 시간에 많이 헤매지는 않겠구나, 안심이 됐다.

<겨울왕국>을 보고 나서는 아이의 이상형에 관해 토론하는 시간을 가지기

도 했다.

"하라야, 넌 나중에 안나랑 결혼하고 싶어? 엘사랑 결혼하고 싶어?"

"엘사."

"왜?"

"생각이 깊으니까."

"그치만 안나는 발랄하고 씩씩하잖아. 너하고 아주 잘 맞을 것 같은데?"

"음…… 그럴 수도 있겠네. 근데 엄마, 우리나라엔 안나도 엘사도 없잖아."

"엘사 같은 친구 찾아보면 되지. 여자친구들 중에 누가 제일 엘사같아?"

"음…… 예서?"

아이도 금요일을 좋아했을 테지만 아이 못지않게 나도 비생산적인 금요일이 좋았다. 아무것도 하지 않아도 되는 날은 마음이 몽글몽글해져서 우리는 평소보다 더 많은 이야기를 나누곤 했다.

사실은 아이와 함께한 모든 요일이 좋았다. 유치원을 그만두길 잘했다고 매일 매 순간 생각했다.

오줌이 마려운 건 잘못이 아니야

유치원을 그만두고 집에 있은 지 한 달쯤 됐을 때였다. 하루에 서른 번, 아니 쉰 번은 족히 아이가 화장실을 들락거리기 시작했다. 언제부턴가 소변보는 횟수가 잦아지더니 눈 깜짝할 사이에 증상이 심해졌다.

처음엔 부아가 났다. 그도 그럴 것이 방금 화장실을 다녀온 녀석이 1분도 안 되어 다시 화장실을 가야 한다고 하질 않나, 막상 가서는 찔끔 한 방울 나올까 말까 한 오줌을 짜내고 있으니 한심하기 짝이 없었다. 특히 외출 중에 5분마다 (나름 밖이라고 참은 게 5분) 한 번씩 화장실을 찾아대면 분통이 터졌다. 차량으로 이동 중일 때의 곤혹스러움은 말할 것도 없었다. 달래보기도 하고 설득도 해보고 화도 내보았다.

"하라야, 너는 지금 오줌이 안 마려워. 금방 누고 왔잖아."

"네가 마렵다고 느끼는 것뿐이야. 막상 싸러 가면 한 방울밖에 안 나오잖아. 조금 참아보면 어때?"

"아니 도대체 화장실을 몇 번을 가는 거야?"

짜증이 목 끝까지 차올라 기어이 입 밖으로 터져 나왔을 때, 나는 그 단어를 떠올렸다. 빈뇨증. 아이가 혹시 빈뇨증인가? 아니 도대체 왜? 유치원을 그만둔 뒤 나는 아이를 위해 하루를 쏟아부었다. 대다수의 엄마가 아이를 유치원에 등원시키고 혼자만의 시간을 보낼 때 나는 일거수일투족을 아이와 함께했다. 도대체 뭐가 부족해서 이젠 또 빈뇨증이란 말인가. 아이가 화장실에 갈 때마다 나는 화가 났다. 내가 화를 내면 낼수록 아이는 눈치를 보며 더 자주 화장실을 들락거렸다. 시도 때도 없이 화장실을 찾는 아이와 그런 아이를 견디지 못하는 나 때문에 외출이 엉망이 된 후로 우리는 최대한 외출을 삼갔다.

부득이하게 외출을 감행했던 어느 주말이었다. 이미 아이의 요구로 차를 세 번쯤 세웠고, 출발한 지 얼마 안 돼 아이는 다시 요의를 느꼈다. "오줌 마려워." 아이가 얼마나 어렵게 말을 꺼냈는지, 얼마나 미안해하고 있는지 다 아는데도 기어이 날 선 말이 튀어나왔다.

"지금 차 세울 데가 없잖아! 참아!"

그때 아이 아빠가 말없이 차를 세우더니 뒷좌석의 아이를 일으켜 세웠다. 아이 아빠는 마시던 물병을 비워 소변을 보게 한 뒤 아이에게 말했다.

"하라야. 오줌이 마려운 건 잘못이 아니야. 사람은 당연히 오줌이 마려워. 오줌이 자주 마려울 때도 있고 가끔 마려울 때도 있어. 오줌이 마려우면 바로바로 말해도 돼, 아빠가 어떻게든 도와줄게."

오줌이 마려운 게 아이의 잘못은 아니다. 맞다. 짜증을 내고도 개운치 않았던 건 그래서였다. 아이의 잘못이 아닌데 아이에게 짜증을 냈으니 마음이 불편할 수밖에. 불편한 마음을 나는 다시 짜증으로 풀었다. 한 방울짜리 오줌은 참았다 눠도 된다고 혼자 단정 짓고 아이에게 참을 것을 강요했다. 정작 어른인 나는 잠깐의 짜증도 못 참으면서 아이에게는 몸의 증상을 참으라니, 이 얼마나 가혹한 요구인가. 원치 않는 증상으로 가장 괴로운 사람은 아이였다. 나는 크게 뉘우쳤다. 아이 아빠의 말을 머리에 새겼다.

1. 오줌이 마려운 건 잘못이 아니야.

2. 오줌이 자주 마려울 때도 있어.

3. 오줌이 마려우면 언제든 말해도 돼.

아이가 쭈뼛거리며 화장실에 가고 싶다고 말할 때마다 나는 이 세 문장을 반복했다. 자꾸만 반복해서 말하니 어느새 이 말들은 나의 진심이 되었다. 바깥에서 다급하게 화장실을 찾는 일이 더 이상 짜증스럽지 않았다.

아이 아빠도 약속을 지켰다. 정말로 아이 아빠는 단 한 번도 "지금은 좀 곤란한데 참아봐."라든지, "아까 눴는데 또 마렵다고?"라든지, "다 큰 녀석이 물통에 쉬를 하고 이게 뭐냐."라는 등의 말을 일절 하지 않았다.

"오줌 마려워? 그럼 가야지."

아이의 손을 잡고 성큼성큼 걸어가는 뒷모습이 어찌나 믿음직스럽던지. 든든한 아빠의 손을 잡고 걸어가는 아이의 뒷모습 또한 전보다 훨씬 편안해 보였다.

그러나 증상은 좀처럼 나아질 기미가 보이지 않았다. 여전히 5분이 멀다 하고 화장실을 들락거렸고 막상 변기 앞에 서면 오줌도 뭣도 아닌 것을 찔끔거렸다. 학교 입학이 하루 이틀 다가올수록 마음이 초조해졌지만 우리는 애써 내색하지도, 입 밖으로 내놓지도 않았다. 이미 각자 할 일을 알고 모두가 노력하고 있었기에 답도 없는 푸념으로 서로의 마음을 어둡게 할 필요가 없었다.

입학이 코앞으로 다가온 2월의 어느 날, 불현듯 깨달았다. 아이가 화장실을 찾는 횟수가 확 줄어들어 있었다. 아이 아빠와 나는 그 사실을 비슷한 시기에 인지했지만 서로 말하지 않았다. 좋은 일을 소리내서 말하는 순간 자칫 그것이 날아가 버릴 것만 같은 아슬아슬함. 아이를 키우면서 그런 감정을 많이 느껴봤기 때문이다. 우리는 말을 아낀 채 아이를 지켜봤다.

입학식 전날, 학교에서 받아온 학생기초조사서의 건강상태란에 ADHD 증상과 함께 빈뇨 증상을 적었다. 4개월 정도 지속되었지만 많이 호전되었으며 지금은 거의 증상이 나타나지 않는다, 혹시 새로운 환경 속에 위축되어 일시적으로 증상이 발현할 수 있으니 이해 부탁드린다는 말과 함께. 우려와는 달리 학교 입학 이후에도 빈뇨 증상은 재발하지 않았다.

내 아이에겐 아무 고민도 없어야 한다고, 마음의 병이 생길 리 없다고, 나는 아이의 빈뇨 증상이 심리적인 요인 때문이라는 것을 내내 부정했다. 그 사실을 인정하는 순간 그간 아이에게 쏟은 내 시간과 노력이 부정당할까 봐 두려웠다. 돌이켜 생각해보면 종일 나와 함께 있는 아이 앞에서 나는 몇 번이나 '학교'에 대한 이야기를 했던가.

"학교는 유치원처럼 도중에 그만 다닐 수도 없어."

"이제 곧 학교 가야 하는데…… "

"학교에서는…… "

"학교 가려면…… "

이런 말들이 얼마나 아이의 마음을 옥죄었을까? 학교 입학을 앞두고 날로 커지던 내 불안감은 아이에게 그대로 옮겨갔다. 마음의 불안을 쏟아내는 방법을 모르니 아이는 대신 오줌을 찔끔거렸을 게다.

오줌이 마려운 건 잘못이 아니야.

오줌이 자주 마려울 수도 있어.

오줌이 마려우면 언제든 말해도 돼. 엄마가 도와줄게.

학교가 무서운 건 잘못이 아니야.

학교가는 게 정말 싫을 수도 있어.

학교가 무서우면 언제든 말해도 돼. 엄마가 도와줄게.

어쩌면 아이에게는 똑같은 말로 들렸을지도 모르겠다. 결국 문제도 답도 아이가 아닌 내게 있다는 사실, 그것을 끊임없이 받아들이고 나를 깎아내는 일이 아이를 키우는 일인가 싶다.

엄마

2부

기어코 학부모가 되어버렸다

여덟 살이 되어버렸다

두려움인지 설렘인지 모를 울렁거림과 함께 3월은 오고야 말았다. 입학식 날 모든 부모는 자기 아이만 본다. 아이가 새로운 환경이 신기해 두리번거리면 엄마를 찾는 건 아닌지 전전긍긍, 혹시 화장실이 가고 싶은데 참고 있는 건 아닌지 안절부절, 부모를 위해 마련된 좌석에 앉지도 서지도 못한 채 그저 제 새끼의 안색과 기분을 살피며 손을 흔들어대느라 여념이 없다. 그러나 예외적으로 우리 반 학부모들의 입학식 풍경엔 자기 아이 외에 다른 아이 하나가 각인되었다.

그 아이가 바로 내 아이다.

입학식은 학교 강당에서 진행되었다. 아이는 1반이라고 했다. 동행한 동네 언니는 왜 하필 1반이냐며, 1반은 주임 선생님 반이라 아이들이 방치되기 일쑤라며 안타까워했다. 안 그래도 일이 많은데 우리 아이에게 신경 쓸 여력이 있으실까, 걱정스러운 마음으로 처음 마주한 담임 선생님은 과연 누가 봐도 주임 선생님이었다. 강단 있는 눈매와 다부진 입매가 교단에서의 세월을 짐작하게 했다. 우왕좌왕하는 아이들을 열 안으로 불러들이고 안절부절못하는 학부모를 열 밖으로 내보내는 능수능란한 동작에서 노련함이 묻어났다.

3월 한 달 동안 아이의 학교생활을 도와줄 6학년 도우미 형아 손에 아이를 맡기고 강당 위 관람석으로 향하는데 자꾸만 뒤가 당겼다. 순식간에 일어난 상황에 아이는 자기 손을 잡은 형아 한 번, 앞에서 1학년 1반을 부르는 담임 선생님 한 번, 차마 발을 못 떼는 엄마 한 번 쳐다보기를 반복했다. 그러면서도 어느 정도 사태 파악이 되었던지 섣불리 대열을 이탈하려는 시도는 하지 않았다.

관람석에서 내려다보니 아이는 쉴 새 없이 두리번거리고 몸을 뒤틀고 뻗대다가 도우미 형아 손에 붙들려 제자리로 돌아오기를 반복했다. 같은 6학년들 사이에서도 특히 체격이 좋은 형아가 아이를 맡게 되어 다행이었다. 몇 번의 탈출 시도 끝에 제가 어찌해볼 수 없는 상대라는 걸 깨닫고 불만이 가득한 표정으로 형아 손을 잡고 있는 아이를 보니 쓴웃음이 나왔다. 형아야, 잘 부탁한다. 미안하고 고맙다.

모든 입학식 식순이 끝나고 담임 선생님의 안내에 따라 교실로 향했다. 교실 뒤편에 선 부모들은 하나같이 자기 아이의 예쁜 뒤통수에 시선을 고정한 채 흐뭇하고 상기된 표정들이었다. 그러나 그들의 시선을 자꾸만 앗아가는 시선 강탈자가 있었으니.

다리를 책상 밑으로 단정하게 집어넣고 이마부터 발끝까지 가지런히 칠판을 향해 앉은 다른 아이들과는 달리 혼자 두 다리가 책상 밖으로 나와 있는 아이. 그 다리를 쉴 새 없이 움직여 소음을 유발하는 아이. 교실에서 첫인사를 나누는 그 짧은 시간 선생님에게 다섯 차례 이상 이름이 불린 아이. 내 아이였다. 모두가 아이의 이름을 기억할 것이 분명했다. 부모들의 작은 소곤거림에도 신경이 곤두섰다. 진땀 나는 대면식을 마치고 학부모와 아이들이 교실을 빠져나갈 때 나는 선생님에게 조용히 다가섰다. 등 뒤에 눈이 있음을 의식하면서.

"안녕하세요. 하라 엄마입니다. 저희 아이가 좀 행동이 큰데요……."

"예, 어머니. 그런 것 같네요."

만만치 않겠다는 표정을 지으면서도 크게 걱정하는 기색 없이 선생님은 여유롭게 웃어 보였다. 순간 직감했다. 아이가 임자를 만났구나!

입학과 동시에 아이는 요주의 인물이 되었다. 나조차도 내 아이 옆에 앉아 잔뜩 얼어있는 동그란 얼굴의 여자아이가 걱정될 정도였으니 다른 부모들은 오죽했을까. 이제 겨우 입학식을 마쳤을 뿐인데 진이 다 빠져 그날 밤은 꿈도 꾸지 않고 푹 잤다.

tips

등하교, 언제까지 함께해야 할까?

3월의 등굣길은 북새통을 이룬다. 많은 신입생 학부모들이 아이의 등굣길에 함께하기 때문이다. 정작 등교해야 할 당사자는 느긋하기 짝이 없는데 걱정 어린 표정으로 아이 손을 바투 잡고 앞에서 이끄는 엄마들의 물결 속에 간간이 보이는 양복 차림의 아빠들까지, 부모들만 안달이 난다.

한 달이 경과하고 4월에 들어서면 등굣길에 보이는 학부모의 수가 확연히 줄어든다. 이때부터 등굣길 위에 남은 학부모들 사이에서는 고민이 시작된다.

'아이를 언제까지, 어디까지 데려다줘야 할 것인가?'

답은 간단하다. 아이가 원하는 때까지, 원하는 곳까지 데려다주면 된다.

교문을 지나 교실에 들어서는 순간부터 아이에게는 선택권이 확 줄어든다. 기본적으로 학교는 순응을 가르치는 곳이기 때문이다. 교실에 들어가기 전까지 어떻게 갈지, 누구와 갈지, 본인이 선택하게 하는 것만으로도 학교에 대한 마음의 부담을 덜어줄 수 있다.

독립적인 아이라면 금세 재미를 붙이고 혼자 가기를 원할 것이며, 의존적인 아이라면(의존적인 건 나쁜 게 아니다. 독립적인 성격에 장단점이 있듯 의존적인 성격에도 장단점이 있다. 타고난 성향을 두고 다른 아이와 내 아이를 비교하지 말자) 좀 더 오래 함께하기를 원할 것이다. 내 아이는 오래도록 엄마와 함께 등교하기를 원했다. 2학년이 되고 3학년이 되어도 계속 데려다 달라고, 학교에 들어가기도 전부터 몇 번이나 내게 다짐을 받았다. 나는 몇 번이고 그러마고 약속했다. 네가 원하는 한 언제까지든 함께 가겠다고. 정말로 그럴 작정이었다. 엄마와 함께하는 등굣길이 조금이라도 아이에게 위안이 된다면 못 해줄 이유가 없었다.

우리는 등굣길에 무척 많은 이야기를 나눴다. 등교가 주는 긴장감 때문에 스트레스가 극에 달한 아이는 끊임없이 분노와 불만을 쏟아냈다. 옆에서 함께 걸으며 들어줄 수 있어서 얼마나 다행인지. 아이가 자기 마음을 표현하는 것이 그저 반갑고 좋았다.

"학교 가기 싫어. 학교는 진짜 싫어. 선생님은 나만 혼내고 애들은 선생님 편만 들고 학교는 좋은 게 하나도 없어."

"맞아. 학교는 가기 싫지. 엄마도 학교 다닐 땐 아침마다 학교 가는 게 정말 싫었어."

"그래도 학교는 가야 돼."

"다들 그래서 가는 거지. 저기 6학년 형아들도 사실은 가기 싫을걸? 그냥 가는 거야. 다들 가니까. 또 막상 가보면 생각처럼 그렇게 싫지만은 않으니까."

"나는 그렇~게 싫은데? 온통 싫은 일뿐인데?"

"그 말을 들으니까 참 마음이 아프네. 엄마가 어떻게 도와주면 좋을까?"

"엄마가 내 선생님이면 좋겠어."

"엄마가 교대를 갈 걸 그랬다. 근데 엄마가 선생님이었어도 너랑 같은 반은 안 됐을걸?"

"왜?"

"원래 엄마랑 아들은 같은 반 못해. 엄마 어릴 땐 담임 선생님이 자기 엄마인 친구도 있었는데 이젠 그렇게 하면 안 된다고 학교에서 정했대."

"진짜 나쁘다. 학교는 역시 나빠."

이런저런 시시한 이야기를 하면서 걷다 보면 어느새 교문 앞이었다. 여기서부터 또 다른 고민이 시작된다. '교문 앞에서 헤어질까? 현관 앞까지 데려다줄까?'

처음에 나는 교문을 통과해 현관 앞까지 아이를 데려다주는 것을 몹시 꺼렸다. 대다수의 부모가 교문 앞에서 아이에게 손을 흔들고 돌아섰기 때문이다. 그들을 지나쳐 그들의 시야 속으로 걸어 들어가고 싶지 않았다. 다른 학부모들이 아이에 대한 나의 불안을 눈치채고 아이에게 선입견을 품게 될까 봐 두려웠다. 아이와 같은 유치원 출신의 친구들이 "하라는 아직도 엄마랑 같이 올라오네. 우리는 혼자 올 수 있는데."라고 말하는 걸 들은 뒤로는 더욱 내키지 않았다.

'고? 스톱?' 매일같이 갈등하면서도, 아이를 매몰차게 떼어놓지 못해 나는 늘 뒤통수를 의식하며 교문을 지나쳐 학교 현관 앞에 다다르곤 했다. 그러면서도 다른 친구들이 아이를 놀릴까봐 안아준다거나, 뽀뽀를 한다거나, 하트를 날린다거나 하는 애정 표현은 자제했다. 교실에 들어가기 전 마지막 포옹을 요구하는 아이를 후다닥 안아주고 누가 볼세라 얼른 등을 떠밀었다.

그렇게 한 달쯤 지났을 때 학교 현관 앞에서 아이 친구들을 다시 만나게 되었다. 그중 유난히 야무지고 똘똘한 친구가 돌연 몹시 부러운 표정이 되더니 "하라는 좋겠다. 나도 엄마랑 오고 싶은데. 우리 엄마는 나보고 이제 혼자 가야 된대."라며 숨겨왔던 속내를 털어놓는 것이 아닌가. 제 아무리 날고 기어도 결국엔 여덟 살인 것이다. 혼자 등교해야 한다는 걸 받아들인 척하지만 내심 엄마와 함께 등교하기를 기대하는 나이인 것이다. 그 후로는 전보다 편한 마음으로 아이와 손을 잡고 교문을 지났다. 현관 앞에 다다르면 아이를 꼭 안아주고 계단을 오르는 아이의 머리 꼭대기부터 시작해 발뒤꿈치가 보이지 않게 될 때까지 힘껏 손을 흔들었다.

겨울 방학까지 한 달쯤 남아있던 11월 중순 아침이었다. 그날따라 동생의 유치원 버스가 도착 시간이 훌쩍 넘도록 오지 않았다. 유치원 버스를 기다리느라 아이까지 학교에 지각할 판이었다. 초조해서 발을 동동 구르고 있는데 아이가 생각지도 못한 말을 꺼냈다.

"엄마, 오늘은 혼자 가볼래."

깜짝 놀라 아이를 돌아보았다. 아이는 등을 돌려 벌써 저만치 걸어가고 있었다. 아이가 점이 되어 시야에서 사라질 때까지 나는 아이에게서 눈을 떼지 못했다. 오래도록 기억될 뒷모습이라는 걸 직감했다.

그 후로 아이는 쭉 혼자 학교에 갔다. 아이의 선택이었다. 어느 날 갑자기 내린 결정이었지만 결정을 끌어낸 용기는 어느 날 갑자기 생긴 것이 아니었을 게다. 스스로 학교까지 걸어가게 한 힘은 아이의 내면에서 나왔다. 그 내면을 다진 건 그동안 조건 없이 엄마와 함께 걸었던 시간일 것이다. 네가 원하면 언제까지고 함께 가겠다는 약속, 길 위에서 나눈 시시한 대화, 교실에 들어가기 직전까지 자신을 향해있던 엄마의 시선과 손길, 그런 것들이 모여 한발 한발 아이를 나아가게 했다고, 나는 믿는다.

그래서 감히, 모든 부모에게 말한다. 아이가 원할 때까지 기꺼이 아이의 등굣길에 동행해도 좋다고. 아이가 원하는 곳까지 흔쾌히 발걸음을 옮겨도 된다고. 다른 부모, 다른 아이와 발걸음을 맞출 필요가 없다. 이것만큼은 오직 부모의 상황과 아이의 요구에만 집중해서 결정할 일이다. 여건이 허락한다면, 아이의 등굣길에 부모는 언제까지고, 어디까지고 함께해도 좋다. 결단은 아이가 내릴 것이다. 생각보다 빨리.

어머니, 왜 그렇게 움츠러들어 계세요?

매일같이 불안감을 안고 아이의 등굣길에 따라나선 지 한 달쯤 되었을 때의 일이다. S는 아침마다 종종 마주치는 옆 반 여자아이였다. 한번 삐걱거린 후로 둘은 만날 때마다 입씨름을 했는데, 그날따라 아이의 반응이 유난히 과격했다. 학교 현관 앞까지 동행하는 동안에도 두 녀석은 날 선 말을 주고받았고 급기야 내 아이의 입에서 "죽여버린다"는 말이 튀어나왔다. 아이를 꾸짖은 뒤 나도 모르게 주위를 살폈다. 한 학부모가 못마땅한 표정으로 아이를 응시하고 있었다. 큰일이었다.

입학식 날부터 아이는 불안정한 모습을 보여, 이미 많은 학부모에게 눈도장을 찍힌 바 있었다. 방금 일까지 보태지면 아이는 더더욱 '거칠고 위험한 아이'로 입에 오르내릴 것이었다. 불안함에 오전 내내 일이 손에 잡히지 않았다. 하교 시간에 나는 당장 담임 선생님을 찾아 교실로 올라갔다. 영문을 모르는 선생님에게 자초지종을 설명하고 S의 부모님에게 사과하고 싶다는 의사를 전했다. 한참 만에 선생님이 입을 열었다.

"어머님, 왜 그렇게 움츠러들어 계세요? 그런 태도는 아이에게 아무런 도움이 되지 않아요."

순간, 정신이 번쩍 들었다. 생각지도 못한 말 앞에서 나는 할 말을 잃었다. 아침나절 아이의 언행은 누가 봐도 잘못된 것이었다. 아이의 행동을 누군가 문제 삼기 전에 미리 수습해서 아이에게 갈 화살을 막고 싶었다. 아이가 무사히 학교에 다닐 수만 있다면 허리 같은 건 백 번도 더 굽힐 수 있었다. 조아리기와 굽신대기는 ADHD 아이를 키우며 새롭게 획득한 나의 특기였다. 한데 이런 태도가 아이에게 도움이 되지 않는다니?

"아직 아무도 어머님께 책임을 묻지 않았는데 왜 나서서 사과할 생각부터 하세요? 학교에서 그런 일은 비일비재해요. 그때마다 담임 교사가 가정으로 전화를 걸어서 부모님의 사과를 종용할까요? 제가 보호해야 할 대상은 제 학생만이 아니에요. 어머님도 엄연히 제가 보호해야 할 학부모입니다. 공교육을 선택한 이상 누구나 똑같이 학교의 보호를 받을 권리가 있어요. 어머님이 지금처럼 움츠러들어 계시면 아이도 보호받는다는 느낌을 받지 못해요."

처음이었다. 누구도 내게 이렇게 말해주지 않았다. 그간 나는 철저하게 보호자의 역할을 수행해왔다. 아이와 아이 주변을 중재하고, 그 과정에서 아이의 마음이 다치지 않도록 하는 것이 보호자로서 나의 주된 역할이었다. 아이의 앞에서 날 선 시선을 받아내느라 내 마음이 너덜너덜해지는 줄도 모른 채 나는 치열하게 아이 곁을 지켰다. 그런 나에게 처음으로 '보호받을 권리'가 주어진 것이다. 아이의 담임 선생님 앞에서 나는 학생의 보호자인 동시에, 다른 학부모들의 편견으로부터 다치지 않게 보호받을 권리가 있는 또 다른 학부모였다.

아이의 첫 담임 선생님은 그런 분이었다. 모든 학부모의 말에 고루 귀 기울이되, 흔들리지 않는 중심을 가진 선생님. 학교는 모든 학생을 끌어안을 수 있어야 한다고 말하는 선생님. 이런 선생님을 만날 수 있었다는 것이 우리에겐 얼마나 큰 행운이었는지. 아이의 1학년 생활은 결코 순탄하게 흘러가지 않았지만, 그때마다 선생님은 나와 아이를 단단하게 붙들어주었다.

tips

담임 선생님에게 아이에 대해 어디까지 알려야 할까?

일반적으로는 3월 한 달 동안 선생님이 아이에 대해 알아갈 시간을 가진 뒤, 4월 상담 주간을 통해 부모와 정보를 공유하는 것이 자연스러운 흐름이다. 그러므로 아이가 취학 전 유아 교육 기관(유치원/어린이집)에서 크게 문제를 일으키지 않고 잘 지냈던 편이라면 미리부터 아이에 대해 많은 이야기를 할 필요는 없다. 그러나 주변에서 알아차릴 정도로 문제의 소지가 있는 아이의 경우에는 얘기가 다르다. 부모가 먼저 솔직하게, 충분하게, 정보를 주는 편이 아이에게도 선생님에게도 도움이 된다.

아이에 대한 최초의 정보 제공은 서면으로 이루어진다. 입학을 앞두고 학교에서 배부하는 각종 서류와 안내문들 가운데 아이의 인적 사항을 적는 종이가 있다. 나는 입학식 전날까지 마지막 한 칸을 비워두고 고민했다. 아이에 대한 당부의 말을 적는 란이었는데, 보통은 아이의 학습 수준이나 성격 등을 적는다. 아직 한글을 못 떼었다든지, 마음이 여려 잘 우는 편이라든지 하는 특이 사항들 말이다. 그러나 내 아이는 이 구역의 불도저. 특이한 사항이 한두 가지가 아니었다. 한 줄 안에 아이를 특징 짓기란 정말이지 어려웠다.

곧이곧대로 '정도를 모르고 경계가 없습니다'라고 적을 수는 없는 노릇 아닌가. 어느 정도의 수위를 유지해야 '몹시 성가신 아이'라는 인상을 주지 않으면서도 현장에서 선생님이 받게 될 충격을 완화할 수 있을까? 무척이나 선생님을 생각하는 것처럼 말하지만 당연히 내 마음은 아이에게로 확 기울어 있었다. 선생님의 날 선 반응에 상처 입을 내 아이가 걱정되기에 미리 양해를 구하는 것일 따름이다. 그렇게 생각하니 더더욱 당부랍시고 무슨 말을 적기가 염치없었다. 고민 끝에 겨우겨우 문장을 완성해 좁은 칸 안에 구겨넣었다.

다소 과격하고 부주의한 편이라 실수가 많지만, 말귀가 통하는 아이입니다.
본인이 알아듣게 설명해주면 수긍하고 개선을 위해 노력합니다.

입학식 다음 날부터 나는 매일 조마조마한 마음으로 선생님의 호출을 기다렸다. 아이가 문제행동을 보일 때 상황을 빠르게 종료시킬 수 있는 '나만의 대처법'을 알리고 싶었다. 물론 알리는 건 내 몫이고, 아이 앞에서 어떤 태도를 취할지는 온전히 선생님에게 달려있다는 것도 미리 각오했다. 그러니까 서른 명에 가까운 아이 가운데 유독 길들여지지 않은 한 명의 아이 앞에서 엄마처럼 조곤조곤 상황을 설명해줄 수 있을 거라는 기대는 아예 하지 않았다는 얘기다.

학기가 시작된 지 보름 정도 지났을까. 하교 시간에 아이들과 함께 교문까지 내려오신 담임 선생님이 아이를 마중 나와 있던 내 옷깃을 가만히 잡아 끌었다. 등하굣길마다 학부모들로 바글바글하던 첫 주보다 교문 앞으로 마중을 나오는 학부모 수가 현저히 줄어들어 있던 때였다. 몇 안 되는 학부모들의 시선을 의식했는지 선생님은 낮은 목소리로 교실까지 동행을 요청하셨다. 아이를 옆 반 선생님께 부탁드린 뒤 우리는 마주 앉았다. 이어진 담임 선생님의 이야기는 예상했던 대로

였지만 이제까지 들어오던 말들과는 다른 지점이 있었다.

"아이가 남달라요. 교사 생활 20년에 처음 보는 유형의 아이입니다. 많은 개선과 노력이 필요해요. 그래도 긍정적인 면은 아이가 상대방의 이야기를 끝까지 듣고 말이 통한다는 점, 그로 인해 매일 조금씩 좋아지고 있다는 점이에요. 인적사항에 적어주신 것처럼 찬찬히 설명해주면 아이가 곧잘 알아듣고 잘못을 인정하는 모습이 신기할 정도입니다. 어른이 하는 말의 의도를 이해하는 능력은 오히려 또래 아이들보다 성숙해요. 이렇게 되기까지 어머님이 아이를 붙잡고 오랜 시간을 들여서 많은 이야기를 하셨을 거라는 짐작이 되더군요. 앞으로도 저는 최대한 어머님의 방식대로 하라를 대하겠습니다. 하라가 납득할 수 있게 천천히 시간을 들여서 설명해볼게요. 대신 어머님은 단호하고 간결하게 훈육하는 연습을 해보셨으면 해요. 하라가 혼란스럽지 않게 학교와 가정의 간극을 좁혀갈 필요가 있어요."

선생님은 아이의 개선 가능성에 초점을 두고 이야기하면서 서로의 방법을 적절히 활용할 것을 제안했다. 엄마와 선생님의 상반된 훈육 태도로 혼란을 겪는 아이를 위해 선생님은 엄마를, 엄마는 선생님을 닮아가기로 합의한 것이다. 그렇게 선생님과 나의 공조가 시작되었다. 우리는 1년간 터놓고 의논하며 긴밀히 협력했다.

하루는 선생님이 특수 학급(특수 교육 대상자의 통합 교육을 실시하기 위하여 일반 학교에 설치된 학급. 특수 교육 대상자란 시각 장애, 청각 장애, 지적 장애,

지체 장애, 정서·행동 장애, 자폐성 장애, 의사소통 장애, 학습 장애, 건강 장애, 발달 지체 중 어느 하나에 해당하여 특수 교육이 필요한 사람을 가리킴)에 대한 이야기를 꺼냈다. 일반 학급에서 늘 긴장 상태를 유지해야 하는 아이에게 하루 한 번 특수 학급에서의 시간이 심신의 안정을 줄 수 있을 거라는 제언이었다. '특수 학급'이라는 단어가 주는 묵직함 때문인지 선생님은 이야기하는 내내 몹시 조심스러워했지만, 나는 선생님의 말이 조금도 불쾌하지 않았다. 선생님은 내가 모르는 정보를 알려줄 뿐, 선택은 어디까지나 내 몫이었다. 아이에게 도움이 될 수 있다면 선생님과 나는 어떤 말이라도 주고받을 수 있어야 했다. 선생님의 조언들 앞에서 나는 늘 같은 태도로 임했다. "제가 미처 몰랐던 부분이네요. 앞으로도 의견 주시면 참고하겠습니다. 고맙습니다." 결국 특수 학급 건은 불발되었지만, 그 후로도 선생님과 나의 의견 교류는 활발하게 지속되었다.

아이의 아침 컨디션, 방과 후 심리 상태까지 나는 낱낱이 선생님에게 고해바쳤다. 너무 세세하고 구구절절해서 전송 버튼을 누르기가 망설여질 때도 많았지만 선생님은 단 한 번도 나의 문자를 극성맞은 학부모의 유난으로 취급하지 않았다. 선생님은 늘 진지하고 즉각적인 반응을 보였다.

하루는 아이가 급식실에서 밥을 던져서 옆 반 선생님에게 크게 혼났다는 소식을 들었다. 아이에게 자초지종을 물으니 친구들이 먼저 장난을 걸어와서 자신도 되받아쳤을 뿐인데 자기만 혼이 났다며 눈이 새빨개지도록 우는 게 아닌가. 옆 반 선생님이 미처 내막을 몰랐던 '급식실 난투극 사건'에는 생각보다 여러 아이가 연루되어 있었다. 옆 반 선생님은 아이가 던지는 순간만을 목격했을 테고 아이는 성격상 현장에서 변명하지 않았을 게다. 그러나 친구가 밥을 던진다고 따라 던진 행동도 잘한 짓은 아니지 않은가. 이미 아이는 혼났고 상황은 종결되었는데 굳이 진상을 밝혀야 하나. 살다 보면 애매하게 억울할 때도 있게 마련인데 그때마다 엄마가 나서서 해결해 줄 수는 없지 않나. 많은 고민 끝에 결국 선생님에게 전화를 걸었다.

"선생님, 제가 이런 것까지 말씀을 드려야 하나 싶은데요……."

"어머니, 뭐든 다 말씀해주세요."

자초지종을 다 들은 선생님은 당장 다음날 이 일을 바로잡았다. 아이가 세 명의 친구에게서 사과를 받았다는 소식을 전하면서 선생님은 내게 당부했다.

"그렇지 않아도 하라는 혼날 때가 많아요. 자기 마음을 잘 표현하지도 않고요. 하라가 억울하다고 표현을 했는데도 돌아봐주지 않으면 아이가 학교생활에 무슨 낙이 있겠어요? 누구를 믿고 이 힘든 학교생활을 버티겠어요? 어머니, 잘 말씀해주셨어요. 앞으로도 꼭 그렇게 하셔야 해요."

그 후로도 선생님은 아이가 잘못한 것은 확실하게 나무라되 그 과정에서 아이에게 억울함이 남지는 않았는지 수시로 확인했다. 나를 통해 미처 몰랐던 사실을 알게 되면 꼭 아이에게 사과하거나 시정하여 억울함이 없도록 했다.

친구들이 아이의 행동을 문제 삼을 때도 선생님은 아이가 나쁜 것이 아니라 서툰 것이라는 사실을 알려주어 아이에 대한 부정적인 인식이 굳어지지 않게 무진 애를 썼다. 담임 선생님이 아이를 이해하니 반 친구들도 아이를 오해하지 않았고, 나아가 학부모들도 아이를 곡해하지 않았다. 1년 내내 선생님은 우리의 가장 든든한 조력자가 되어주었다.

물론 이렇게 좋은 관계를 맺을 수 있었던 데에는 좋은 선생님을 만난 덕이 크다. 그러나 아이에 대해 솔직하게 털어놓고 도움을 청한 나의 선택 또한 유효했다고 본다. 아이에 대한 담임 선생님의 이해도는 아이의 학교생활에 지대한 영향을 미친다. 또한 충분한 이해를 바탕으로 협력하는 선생님-학부모 관계는 '문제 상황을 알리는 것'에서부터 시작한다. 선생님을 믿고 도움을 요청하자. 선생님과 협력 관계를 이루자. 좋은 선생님이라면 학부모가 고르고 고른 당부의 말 속에서 아이의 약점보다는 아이의 개선 가능성을 읽어낼 것이다.

엄마, 나도 무슨 쓸모가 있을까?

평일은 긴장의 연속이다. 저녁에도 내 마음은 다음날 아이가 가 있을 학교 주변을 서성거린다. 내일도 무사하기를. 밤이 다가올수록 마음에도 어둠이 드리운다. 아이도 나와 같을까. 아이는 밤마다 무슨 생각을 하고 있을까. 거실에서 책장 넘기는 소리가 사락사락 들려온다.

"하라야, 무슨 책 읽어?"

"나 엄마가 그려줄 공룡 고르는 중인데?"

'아, 네가 고르면 엄마는 그려주는 거구나.'

'엄마의 의사는 전혀 상관이 없구나.'

'엄마한테 그려줄 건지 말 건지 먼저 물어봐야 하는 거 아니냐?'

아이의 말이 끝남과 동시에 떠오르는 연소자 청취 불가의 농담들을 꿀꺽 삼키고 주위를 더듬어 도구들을 모은다. 아이의 동생이 한 면만 쓰고 던져놓은 A4 용지의 나머지 한 면을 곱게 편다. 연필은 뾰족하게 깎는다. 여러 번 고쳐 그려야 하기 때문에 끝이 뭉툭한 연필이 수정하기도 좋은데, 아이는 선이 가는 공룡 그림을 좋아한다. 선이 가는 공룡 그림이라니, 여리면서 거친 그 자신만큼이나 모순적이다.

이왕 그리는 거 열심히 한 장을 그린다. 일전에 심혈을 기울여 아이가 좋아하는 만화 캐릭터를 그려준 적이 있다. 하도 애지중지하기에 예쁘게 색칠도 하고 코팅까지 해서 쥐여줬더니 미련 없이 제가 좋아하는 친구에게 줘버리고 온 후로는 그렇게까지 열심히 그리지는 않는다. 그러나 아이가 자랑스러워할 만큼, 다른 친구가 보면 가지고 싶어 할 만큼은 잘 그려야 하는 것이다.

이렇게 공룡 그림 한 장으로 아이에겐 늘 너무 짧은 저녁 시간의 아쉬움을 달래주고 양치를 시킨다. 책을 한 권 읽어준 뒤 먼저 잠든 동생을 등지고 함께 눕는다. 모처럼 동생이 먼저 잠든 덕분에 오랜만에 아이를 두 팔로 안고 토닥거렸다.

"엄마."

"응."

"하나님은 쓸모없는 것도 만드셨을까?"

아이의 의도를 몰라서 대답이 망설여진다. 정적이 길어진다. 이럴 땐 애를 마냥 기다리게 하지 말고 "잠깐만" 양해를 구하라고 아이 아빠가 말했었는데. 머릿속으로 아이의 의도를 미루어 짐작하고 의도별로 최적의 답변을 준비하느라 분주한 나머지 또 애를 마냥 기다리게 한다. 그렇다고 또 마냥 기다리지도 않는 것이 역시 내 아이다.

"엄마, 하나님은 쓸모없는 것도 만드셨을까?"

"글쎄, 세상에 존재하는 것들엔 다 이유가 있지 않을까?"

아슬아슬. 괜찮았나. 나쁘지 않았나. 자, 나는 막아냈다. 너의 대답은?

"엄마."

"응."

"그런데 나는 실수를 이렇게 많이 하는데."

"응."

"나도 무슨 쓸모가 있을까?"

쿵. 심장이 내려앉았다. 아이의 질문에 내가 상처를 받았다. 짐짓 아무렇지 않은 척 대답했다.

"그런데 실수라며. 실수할 수도 있잖아."

"실수는 실순데, 다른 친구들은 어쩌다 한번씩 하는데 나는 너무 많이 하잖아."

"음…… 그래서 걱정돼?"

"어 왜냐면. 내가 계속 계속 실수하면 그건 실수가 아니고 일부러야."

언젠가 내가 아이에게 했던 말이다. 자꾸 같은 실수를 반복하면 그건 실수가 아니고 일부러 한 게 되는 거라고. 무심한 표정으로 듣는 둥 마는 둥 하더니 그걸 다 기억하고 있었나 보다.

"그렇지만 너는 실수한 게 맞잖아. 일부러가 아니잖아."

"그런데 다른 친구들은…… 그렇게 생각 안 하잖아."

"그렇구나. 다른 친구들은 오해할 수도 있겠네."

"나는 하루종일 계속 계속 실수만 하는데 나도 쓸모가 있어?"

"있잖아. 쓸모라는 건 다른 사람이 정해주는 게 아니야. 너의 쓸모는 네가 정하는 거야."

"그럼 다른 사람한테 나는 쓸모가 없어?"

"아니 그런 뜻이 아니고. 우리한테 너는, 그러니까 대구 할머니, 대구 할아버지, 순천 할머니, 순천 할아버지, 아빠, 엄마한테 너는 이미 큰 기쁨이고. 또 동생도 너를 정말 좋아하지. 벌써 일곱이지? 또 엄마 친구들 슬아 이모, 콩쑥이 이모, 보람이 이모, 승희 이모가 너만 보면 늘 멋있다고 하잖아. 벌써 열하나. 그리고 네 친구들. 예서, 재연이, 준희, 예준이, 엄마가 아는 친구들만 해도 네 명이니까, 적어도 열다섯 명에게 너는 쓸모있는 사람이지. 그치만 네가 너를 그렇게 생각하지 않으면 그건 아무 의미가 없다는 얘기야."

"……."

"엄마의 쓸모는 네 덕분에 생기기도 하지. 너를 키우고 너한테 필요한 일을 하는 게 엄마의 쓸모이기도 해. 그치만 그게 다는 아니야. 엄마는 글을 써서 쓸모있는 사람이 되고 싶어. 그래서 생각나는 걸 틈틈이 글로써. 이건 엄마가 만든 엄마의 쓸모야."

"엄마. 근데 나는 양보를 잘해."

"그래. 너는 양보를 잘하지. 그런데 양보하다 보면 속상할 때도 있는데 넌 괜찮아?"

"어, 나는 아무렇지도 않아. 난 그게 좋아."

"그건 네 마음이 넓어서 그래. 실수는 많이 해도 마음이 넓다는 걸 나도 알고 너도 알잖아. 그걸 아는 친구들이 점점 많아질 거야. 오늘 실수 열 번 했으면 내일은 아홉 번만 하고. 그다음 날은 여덟 번만 하고. 그러다가 어느 날은 실수 한 번도 안 하고 오는 날도 생기고. 그러면 되는 거지. 그럼 친구들도 너의 새로운 모습을 볼 기회가 점점 더 많아질 거야."

"엄마."

"응."

"사랑해."

그렇게 잠이 들었다. 잠든 아이를 보며 생각했다. 쓸모를 증명하지 않아도 괜찮아. 너는 너 그대로 너니까. 사랑해.

날카로운 첫 참관 수업의 추억

일 년 중에 두 번, 모든 1학년 학부모가 한자리에 모이게 되는 날이 있다. 첫 번째는 입학식이요, 두 번째는 참관 수업이다.

참관 수업을 앞두고 나는 일주일 전부터 바짝 긴장했다. 4월 말, 입학식의 잔상이 아직 남아있을 때였다. 입학식을 마치고 평소 친하게 지내던 집의 아빠가 우리 아이의 머리를 쓰다듬으며 "하라야, 일 년 동안 우리 서희 잘 부탁해. 네가 괴롭히면 안 된다?"라고 뼈 있는 농담을 건넸을 정도로 입학식 날의 아이는 위태로워 보였다.

참관 수업일에 많은 부모가 모인 자리에서 그때와 같은 모습을 보인다면 좋을 게 하나 없을 터였다. 할 수 있다면 그 자리를 피하고 싶었지만, "입학 이래로 반 아이들 중 가장 많이 발전한 모습을 보인다"는 담임 선생님의 말에 기대를 걸어보기로 했다. 또 행여나 아이가 좋지 못한 모습을 보이더라도 그 자리에 부모인 내가 있어야 아이에게로 향할 시선이 내게로 분산될 것이었다.

참관 수업 당일. 아이가 엄마를 자랑스러워하길 바라면서 나는 아이가 좋아하는 원피스와 아끼는 귀걸이, 연한 화장까지 하고 아이의 교실 뒤편에 섰다. 연신 뒤를 돌아보며 나를 찾던 아이는 나와 눈이 마주치자 함빡 웃어 보였다. 마주 웃으며 아이에게 엄지손가락을 치켜들었다. 아이는 머리 위로 연신 하트를 만들어대다가 그만 앞을 보라는 나의 손짓에 얼른 칠판을 향해 몸을 돌렸다.

수업 내내 아이는 도대체 선생님에게 무슨 주문을 받았는지, 아님 무슨 주문에 걸리기라도 한 건지 놀라울 정도로 집중하는 모습을 보였다. 중간중간 큰 몸짓과 목소리 때문에 주변을 놀라게 하긴 했지만, 어디까지나 수업에 참여하기 위한 행동이었기 때문에 불편하게 느껴지지 않았다. 선생님의 질문이 떨어지기 무섭게 번쩍 손을 들었고, 본인이 대답할 차례가 되면 조금도 망설이지 않고 일어서서 큰 소리로 답했다. 입학식 날부터 아이를 경계하던 많은 부모가 아이의 대답에 미소를 지어 보였고 몇몇은 감탄사를 내뱉기까지 했다.

참관 수업은 순조롭게 진행되어 어느새 막바지에 이르렀다. 참관 수업인 만큼 마지막은 부모와 아이가 함께하는 시간이 준비되어 있었다. 아이와 함께 왕관을 만들고 그 왕관을 아이의 머리에 씌워주는 작은 이벤트였다. 모두가 애정 어린, 또는 엉뚱한, 가끔은 재치 있는 대화를 주고받으며 따스한 분위기를 연출했다. 어느새 내 차례가 되었을 때, 나는 허리를 굽혀 아이와 눈을 맞추며 아이의 양 볼을 두 손으로 감쌌다.

"엄마는 네가 항상 자랑스러워. 오늘 멋진 모습 보여줘서 정말 고마워."

아. 그 순간 보았다. 순식간에 젖어드는 아이의 눈시울을. 목구멍부터 눈까지 차오른 덩어리를 꿀꺽 삼키며 아이는 대답했다.

"나도 엄마 사랑해."

사랑한다는 아이의 말이 푹- 가슴을 찌르고 들어왔다. 아이는 엄마의 자랑이기보다 엄마의 사랑이고 싶었던가 보다. 사랑한다고 할걸. 자랑스럽다고 말하지 말고 사랑스럽다고 말해줄걸. 오늘 하루 엄마의 사랑이 되고 싶어서 너는 얼마나 애를 썼을까? 언제부터 오늘을 준비했을까?

학교에 들어간 뒤 처음으로 아이가 내게 가능성을 보여준 날. 나는 아이를 자랑스러워하기보다 사랑스러워했어야 했다. 자랑은 아이가 잘할 때만 할 수 있는 거지만 사랑은 언제든지 마땅히 해야 할 일이니까. 자랑스럽다고 말하는 엄마에게 사랑으로 화답해준 아이. 목구멍에 뜨겁게 차오르는 것을 누르며 나는 아이에게 우리가 함께 만든 왕관을 씌워주었다.

그날 아이의 모습은 내 마음에 곱게 접혀 간직되어 있다. 참관 수업 이후로 많은 사건이 있었지만, 모든 것이 불확실하다고 느껴지는 순간마다 나는 그날의 기억을 다시 꺼내 두근거리는 마음으로 펼쳐보곤 한다. 그때마다 그날의 기억이 내게 속삭인다. 의심도 하지 말고 자랑도 하지 말고 그저 사랑하라고. 언제나 똑같은 마음으로.

tips

반 대표를 맡는 게 아이의 학교생활에 도움이 될까?

부모가 반 대표직을 격렬히 희망하고, 반 대표 일이 적성에 맞는다면 고민할 필요도 없이 맡으면 된다. 이 글은 '웬만해선 반 대표 같은 건 맡고 싶지 않지만, 순전히 아이를 위해서 반 대표를 한 번 해볼까 하는데, 그나마도 반 대표를 하는 게 과연 아이의 학교생활에 도움이 되긴 할까' 의구심이 드는 일부 부모를 위한 조언이다.

자, 그렇다면 부모가 반 대표를 맡는 건 아이의 학교생활에 구체적으로 어떻게 도움이 될까? 이 질문에 대한 답은 '부모가 반 대표임'이라는 제1 명제와 '아이가 학교생활을 잘함'이라는 제2 명제 사이의 인과관계를 명확하게 따지기가 매우 어렵기 때문에 잠시 미뤄두기로 한다. 우선은 반 대표를 맡는 것, 그 자체의 고충에 대해 논해보자.

일단 반 대표를 맡게 되면 반 대표 일을 잘 해내야 한다. 그런데 반 대표 일을 잘한다는 건 무엇을 의미할까? 좀 더 근본적으로 물어보자면 '반 대표의 일'이란 무엇일까? 아래 몇 가지 보기가 있다.

1. 학교 행사에 도움이 되도록 학부모 인원 관리에 힘써 효율적으로 업무를 분담하는 것
2. 학부모 간 친목 도모를 주도해서 화기애애한 반 분위기를 만드는 것
3. 아이들로 인해 학부모 간 분쟁 발생 시, 이를 중재하는 것

4. 반에 대해 안 좋은 소문이 퍼져나가지 않도록 학부모들을 단속하는 것
5. 학부모의 입장을 종합해 학교 측에 전달하는 것

이 가운데 반 대표가 가장 중요하게 생각해야 할 일은 무엇일까? 어떤 일을 중점적으로 처리해야 '좋은 반 대표'라는 평가를 받을 수 있을까? 정답은 '전부 다' 혹은 '없다'이다.

'반 모임(학부모들이 모여 이야기하는 자리)'이라는 이슈 하나에도 학부모의 반응은 제각각이다. 잦은 반 모임에 대해 '고정 멤버들끼리의 친목질 도모'라며 참석을 꺼리는 학부모가 있는가 하면, 1년 동안 반 모임 한 번 주최하지 않는 반 대표를 두고 '직무 유기'라고 불만을 갖는 학부모도 있다. 심지어 아이들끼리 문제가 발생했을 때, 이를 반 대표에게 말해 공론화해줄 것을 요구하는 부모들도 있다. 이렇듯 학부모마다 반 대표에게 기대하는 역할이 다르다. 때문에 위에 나열한 모든 보기를 충족시켜도 미처 헤아리지 못한 또 다른 보기가 존재할 수 있으며, 고로 모두를 만족시키는 반 대표란 있을 수 없다.

그나마 가장 말이 덜 나오는 반 대표 타입은, 두말할 것 없이 보기 1번에 주력하는 반 대표다. '학교 일'에 집중하고 '학교 일'이 있을 때만 반 톡방(학부모들이 모여있는 단체 카톡방)을 울리는 반 대표. 학교 행사를 알리고 학부모들을 동원하는 것에 집중하는 반 대표. 학교 일만 잘해도 중간은 간다는 소리다. 허나 말이 덜 나온다는 것이 아예 안 나온다는 뜻은 아니며, 어쨌든 반 대표를 두고는 앞에서든 뒤에서든(주로 뒤에서) 어떻게든 뭐라고든 말이 나오게 되어 있다. 이렇듯

중간만 가는 것도 몹시 힘든 반 대표에 자원하는 심리의 이면에는 당연히 '아이'가 있을 것이다.

많은 부모가 '반 대표'를 맡게 되면 담임 선생님과 자주 소통할 수 있다는 점을 장점으로 꼽는다. 충분히 기대 가능한 장점이다. 실제로 반 대표직을 수행하다 보면 다른 학부모보다 담임 선생님과 연락을 주고받을 기회가 많기 때문이다. 그 과정에서 본인 아이에 대한 이야기를 나누며 담임 선생님에게 아이에 대한 이해의 실마리를 제공할 수도 있을 것이다. 그러나 여기서 더 나아가 아이에 대한 담임 선생님의 특별 대우를 기대한다면 반 대표직을 맡는 것에 대해 다시 생각해보기 바란다. 이런 기대 심리에 대해 나는 공감하기 어렵다.

나는 선생님들을 존경한다. 모든 선생님은 부모의 학교 일 참여 여부와 상관없이 공평하게 모든 아이를 대할 것이라고 믿는 바이며, 만약 그렇지 않은 선생님이 있다면 그게 촌지 받고 잘해주는 것과 뭐가 다르냐고 묻고 싶다. 학부모 입장에선 시간을 쓰느냐, 돈을 쓰느냐의 차이일 뿐이지 않은가? 별 소득도 없는 학교 일에 선뜻 시간을 낼 수 있는 학부모가 몇이나 될까?

당장 맞벌이 가정의 부모들은 반 대표는 고사하고 1년에 한 번 돌아오는 녹색어머니회 봉사도 겨우 소화하는 실정이다. 이런 상황에서 반 대표의 자녀라고 선생님이 특별히 챙긴다면 불합리한 일이다. 반 대표직을 두고 고민 중이라면 본인의 기대를 잘 들여다보자. 담임 선생님과의 소통까지인지, 더 나아가 자녀에 대한 특별 대우를 원하는지? 혹 후자의 심리가 조금이라도 있다면 불합리한 기대는 깨끗이 접는 것이 맞다.

그렇다면 특별 대우를 기대하지 않고 반 대표직을 맡았을 때 얻을 수 있는 다른 보상은 무엇일까? 궂은일을 도맡아 함으로써, 내 아이가 잘못을 저지르더라도 다른 학부모들에게서 면죄부를 얻을 수 있다는 점? 이것이야말로 그렇지 않다고 단언할 수 있다. 오히려 반 대표의 아이는 별 이슈 없이도 입에 오르내리는 경우가 많다. "아무개 엄마가 반 대표라더라"로 시작해서 "아무개는 어떻다더라"는 얘기로 이어지기도 한다. 이렇게 확신하는 데에는 나름 근거가 있다. 나는 상대가 먼저 말해오기 전에는 신변에 대해 굳이 묻지 않는다. 몰라도 되는 일로 속시끄러워지는 건 딱 질색이다. 당연히 다른 반에서 일어나는 일 같은 건 더더욱 알고 싶지 않다. 그런데 이런 나조차 각 반의 반 대표가 누구 엄마인지, 그중 몇 반 반 대표가 특히 유난스러운지, 몇 반 반 대표가 일을 잘하는지, 그 집 아이는 어떤지, 별놈의 TMI를 들어 들어 알고 있다. 고로 반 대표의 자녀는 다른 아이들보다 상대적으로 주목을 받는다는 추론이 가능할 수밖에. 아이가 어딜 가나 잘하는 편이라면 '모범생+반 대표 엄마'라는 좋은 조합이 나오겠지만, 자칫 아이가 극성맞기라도 하면 엄마가 반 대표라는 사실까지 더해져 학년 전체 학부모들 입에 오르내리기 십상이다.

여기까지 얘기하고 보니 도대체가 반 대표라는 건 세상 고되고 쓸모없는 일인 것만 같다. 고된 자리임은 분명하지만 결코 '쓸모없는' 일은 아니라고, 이제 반 대표를 위한 변론을 시작해야겠다. 반 대표의 가장 쓸모있는 점은 의무적으로 학교에 자주 들락거려야 한다는 점이다. 엄마가 학교에 자주 보이는 것은 아이를 기쁘게 한다. 그러나 많은 1학년 부모가 학교에 얼굴을 보이는 문제를 두고 고민한다. 엄마가 자꾸 들락거리면 행여 아이가 '마마보이, 마마걸'로 낙인이라도 찍힐까 걱정하는 것이다. 하지만 엄마가 반 대표라면 이야기가 좀 더 쉬워진다. 반 대표가 학교에 들락거리는 건 별로 이상한 일이 아니다.

아이의 1학년 시절을 보내며 나만큼 학교를 자주 들락거린 학부모는 드물 것이다. 특히 2학기에는 예기치 못한 사고를 수습하는 일로 출근 도장을 찍다시피 했다. 학교 측과 협의해 쉬는 시간마다 학교 도서관에서 아이를 만났다. 아이는 나를 매번 몹시 반가워했고 아이의 친구들은 아이를 무척 부러워했다. 학교 일과 중에 엄마 얼굴을 한 번 더 본다는 것이 아이에게는 큰 힘이 되었다. 안정감이 생긴 아이는 전보다 수업에 집중했으며 자제력도 눈에 띄게 향상됐다. 나의 경우엔 학교 측의 배려로 잦은 학교 출입이 용인되었지만, 사실 아무 일 없이 학교를 찾는 건 적잖이 시선이 신경 쓰이는 일이다.

만일 아이가 학교에 적응하는 것을 힘들어한다면 반 대표라는 '구실'을 만들어 엄마가 학교에 자주 얼굴을 비추는 것도 좋은 방법이다. 학기 초에 반 대표들은 이래저래 호출이 잦다. 학부모들이 동원되어야 하는 각종 행사에 반 대표는 필히 참석해야 하기 때문이다. 이왕 반 대표를 맡았다면 귀찮은 '학교 측의 부름'을 최대한 활용하자. 모임 시간 전후로 아이의 반에 들러 엄마 얼굴 한번 보여주고 오는 식으로 말이다. 일과 중에 뜻하지 않게 엄마를 만난다는 건 아이에게 생각보다 훨씬 즐거운 이벤트다.

사실 부모가 반 대표를 맡든 안 맡든 잘하는 애는 잘하고 헤매는 애는 헤맨다. 그러나 세상일이 다 필요에 의해서만 돌아가는 것은 아니니, 어떤 이유로든 반 대표직을 두고 고민하는 학부모가 있다면 아래의 경우에 한해 '해보는 것도 나쁘지 않다'는 견해를 제시한다.

- 다른 사람의 말에 무심한 편
- 일상생활에서 학교 일을 우선순위에 두고 학교 일을 위해 힘쓸 각오가 되어 있음
- 아이가 문제를 일으키는 성격은 아니지만, 다소 소심한 면이 있어 학교 적응이 염려됨

그러나 아이가 문제를 일으킬 소지가 다분하고, 반 대표를 맡으려는 이유가 아이에 대한 비난 여론을 완화하기 위해서라면 차라리 뒤로 물러나 조력자를 자처하는 것이 좋다. 스포트라이트는 반 대표에게 내어주고 그림자처럼 뒤에서 힘껏 돕는 조력자*가 될 것을 권한다.

(*조력자 되기 : 『tips: 학부모와의 관계 유지, 꼭 필요할까?』-188쪽 참고)

첫 친구, 그리고 사고

아이가 ADHD 판정을 받고부터 미안할 일이 많아졌다. 아이에게서 눈을 뗄 수 없었다. 아이 주변이 시끄러워지면 가슴이 쿵쿵 뛰었다. 누군가 아이를 빤히 바라보면 안절부절못하다가 자리를 피하기 일쑤였다. 어느새 나는 만나는 사람들에게 미리 사과를 건네고 있었다.

"저희 아이가 행동이 조금 과격해서요, 계속 가르치고 있는데 아직 조금 부족하네요."

일이 일어나기도 전에 미리, 나는 무엇에 대해, 누구를 두고 미안해했던 것일까. 나의 잦은 사과, 이른 사과가, 섣부른 사과였다는 걸 알게 된 건 아이가 학교에 들어가고 난 후의 일이다.

생각보다 빠르게, 아이는 학교생활에서 재미를 찾아냈다. 친구가 생긴 것이다. 마음이 꼭 맞는 친구 A가 생긴 후로 아이는 전처럼 학교를 미워하지 않았다. 진심으로 내 아이에게, 또 A에게 고마웠다. 그러나 A의 엄마는 나와 생각이 달랐던 모양이다. 아이를 학교 현관까지 올려다주고 내려오는 길에 누군가가 살갑게 인사를 건넸다. A의 엄마였다. A가 아이의 이야기를 많이 한다고, 둘이 많이 친해진 모양이라고, 분명 웃으면서 이야기하는 얼굴 어딘가 묻어나는 수심을 그때는 알아차리지 못했다. A의 엄마와 나는 빠른 속도로 가까워졌다. 공교롭게도 A 역시 선생님의 관심 대상이었고, 그런 선생님의 관심이 왜곡된 시선과 섣부른 오판에서 비롯되었다고 느끼고 있던 A의 엄마는 비슷한 처지의 나에게 이런저런 속내를 털어놓곤 했다. 결코 나를 비슷한 처지라고 생각하지 않았다는 건 나중에 알았지만.

학교에 입학하기 전부터 아이의 성향으로 여러 일을 겪고 고민해왔던 나로서는 담임선생님의 특별 관리가 그저 송구스러웠을 뿐, 너무나 고마운 일이었다. 그러나 말수가 없다는 것 외에 크게 눈에 띌 행동을 하지 않았던 A는 학교 입학 전에 크게 지적받을 일이 없었고, A와 우리 아이를 비슷한 선상에 놓는 것조차 A 엄마에게는 충격적인 일이었다. 그런 그녀를 위로해주고 싶었던 것 같다. 내가 뭐라고.

“A가 뭐 문제랄 게 있나요. 우리 아이야 과격해서 문제지만, A는 남한테 피해를 주는 것도 아니고요.”

“항상 걱정이에요. 제 아이가 거침이 없다 보니 A가 다치진 않을까, 영향을 받진 않을까.”

난 누구를 위해 내 아이를 팔아 열심히 남의 아이를 변호해주고 그 엄마의 마음을 위로해주었을까? 모르겠다. 내가 아는 건 내가 모정과 인정을 가장해 내 아이에게 몹쓸 짓을 했다는 것뿐.

아무런 조짐도 없던, 일상의 저녁이었다. 저녁 준비를 하고 있는데 아이가 쭈뼛거리며 말을 꺼냈다.

"엄마, 오늘 A랑 쿵푸팬더 놀이를 했는데 내가 실수로 A를 차는 바람에 A가 넘어지면서 얼굴을 책상에 부딪쳤어. 내가 계속 미안하다고 했는데 너무 아파서 고개를 못 드는 거야. 그래서 같이 양호실에 갔는데 양호 선생님이 괜찮다고 해서 그냥 교실로 왔어. 엄마, A 괜찮을까?"

아이의 말에 나는 깜짝 놀라 A의 엄마에게 전화를 걸었다. A가 괜찮은지를 묻는 나의 전화에 A 엄마는 설마하면서도 A를 데리고 병원을 찾았고 코뼈가 골절되었다는 청천벽력 같은 소식을 전해왔다. 아무도 보지 못했고 A도 말을 하지 않아 그냥 넘어갈 뻔했던 사건을 아이의 고백으로 모두가 알게 되었다. 수술로 인해 한동안 A는 학교에 나오지 못했다. A가 학교에 나오지 않는 내내 아이는 밤마다 자책감으로 울었다.

"나 때문에 A가 다쳤어. A도 이제 날 싫어할 거야."

너 때문이 아니라고도, 너 때문이라고도, 나는 아무 말도 할 수가 없었다. 다시 학교에 나오게 된 A에게 아이는 말로도, 편지로도, 여러 번 사과를 건넸지만 A는 묵묵부답이었다. A의 엄마가 아이와의 모든 교류를 엄금했기 때문이었다.

A의 엄마는 공포스럽다고 했다. 차라리 싸우면서 있는 힘을 다해 때린 게 부상으로 이어졌다면 이해를 하겠는데 놀다가 실수로 친 걸로 이렇게까지 다치면 어떻게 함께 놀겠냐, 무섭다고 했다. 아이의 개선을 위해 노력하고 있다는 걸 알고 그래서 지금까지 불안하지만 지켜봐왔다, 하지만 일이 이렇게 되고 보니 행동이 교정되지 않은 상태에서 어울리게 하는 것이 공포스럽다는 A 엄마의 말에 나는 감히 상처를 받을 수도 없었다. 받아들였다. 상대방이 느끼는 공포를 인정했다. 다시는 어울리지 않게 하겠다, 이 일로 인한 모든 책임을 다 지겠다고 용서를 구했다.

그렇게 끝나는 듯했으나 문제가 생겼다. A와 우리 아이가 상황을 다르게 기억했다. A는 아이가 발로 얼굴을 찼다고 했고, 아이는 발로 찬 건 맞지만 얼굴을 차지는 않았다고 했다. A 엄마는 분개했다. "애초에 발로 찼다고 말한 건 뭐냐, 일이 커지니까 말을 바꾸는 거냐"며 따져 물었다. 얼굴을 발로 차지 않고서야 책상에 부딪친다고 코뼈가 부러질 정도의 충격이 가해지지는 않는다는 것이 A 엄마의 주장이었다. 나로서는 아이가 남의 얼굴을 발로 찼다는 사실을 믿기 힘들었다. 아이는 충동적이긴 했지만, 악의를 가지고 누군가에게 치명상을 입힐 정도의 폭력을 행사하는 아이는 아니었다. 마주 선 상태에서 같은 체격 조건을 가진 상대의 얼굴을 발로 차기 위해서는 처음부터 상대의 얼굴을 노리고 힘을 실어 발을 뻗어야만 가능하다는 것이 나의 생각이었다. 우리는 진위를 가리기 위해 두 아이를 교실에 세워놓고 상황을 재연해보게 하는 미련한 짓까지 했다. 그러나 이미 잔뜩 위축된 아이들은 어물거리며 같은 말을 반복할 뿐, 진상이 밝혀질 리 만무했다.

A의 엄마는 때린 아이가 거짓말을 한다, 애엄마까지 말을 번복하며 자신을 기만한다며 펄펄 뛰었다. 같은 반 아이들 중에 그 상황을 봤다는 증인을 찾았으니, 주변을 수소문해서라도 진상을 알아내겠다며 선전 포고를 해왔다. 아이가 이실직고하는 모습을 두 눈으로 보아야겠다는 것이었다. 어쨌든 이 일로 크게 다친 건 A였다. 다친 아이를 바라볼 때마다 억장이 무너질 A 엄마에게 내 입장을 피력한다는 건 애초부터 말도 안 되는 이야기였다. 명명백백 나의 잘못이었다. 모든 아집을 내려놓고 A의 엄마에게 전화를 걸었다.

“맞은 아이가 기억하는 게 맞지요, 어떻게 때린 아이 말을 옳다 하겠어요. 제가 제 아이만 바라보고, 혹시라도 아이가 한 행동이 알려지면 사람들이 아이를 바라볼 시선이 두려워서 큰 실수를 했습니다. 아이의 잘못을 인정합니다. 죄송합니다.”

“참…… 어머님도 할 짓이 아니시겠어요…….”

나의 사과에 A의 엄마는 잠시 누그러지는 듯 말꼬리를 흐리더니 곧 자신의 경험담을 꺼내놓았다. 어릴 적, 돈이 없어 뽑기 하는 아이들 사이에서 구경만 하던 자신을 발견한 어머니가 도둑질을 했다고 마구 다

그치며 매를 들었다는 이야기였다. 당시엔 너무나 억울했지만 돌이켜 보니 정말 훔치고 싶은 마음이 내 안에 있었을 수도 있겠다는 생각이 들었고, 그때 어머니가 엄하게 다스려준 덕분에 나쁜 길로 빠지지 않았던 것 같다는 회상이 이어졌다. 나는 도무지 A 엄마의 의도를 몰라 그저 열심히 맞장구와 추임새를 넣어가며 다음 말을 기다렸다.

"그러니까 어머님도, 아이의 말이 거짓말이든 아니든 간에 이번 일을 기회로 삼아 제대로 훈육을 해주시면 좋겠어요. 자기가 잘못한 걸 자기 입으로 실토하고 사과하게 해주세요."

그러니까 A의 엄마가 원하는 건 아이가 직접 A의 앞에서 "네 얼굴을 발로 차서 미안하다"고 사과하게 만드는 것이었다. 하지도 않은 도둑질로 매를 들었던 과거 자신의 어머니처럼, 설령 아이가 얼굴을 발로 차지 않았더라도 충분히 그런 행동을 할 수 있는 아이임을 고려해 따끔하게 훈육하라는 것이었다. 아이에게 평생에 사무치는 안 좋은 기억을 심어주는 한이 있더라도 말이다.

"제가 어머님 훈육 방식에 이래라저래라 할 순 없는 거고, 아이에게 사과를 시킬지 말지는 어머님의 선택인 거죠. 어머님의 선택에 따라 저는 제 다음 행동을 결정하는 거고요."

A의 엄마는 나의 선택이라고 말하면서도 자신의 요구를 수용하지 않을 경우, 목격자를 찾아서 '아이가 얼굴을 발로 찼다'는 사실을 입증하

겠다는 강경한 의지를 피력하고 있었다. 사실상 내게는 선택의 여지가 없었다. 이미 많은 사람이 알고 있었지만 더는 이 일이 거론되어 아이가 괴로워하는 것을 원치 않았다. 아이에게 마지막으로 물었다. 아이와 나는 벌써 몇 번이나 '마지막'이라는 단서를 달고 이 문답을 주고받았다.

"하라야, 엄마는 네가 어떤 아이인지 다 알아. 엄마는 누가 뭐래도 네 편이야. 그러니까 혹시라도 엄마한테 말 못한 게 있다면 지금이라도 솔직히 말해줘."

"엄마, 이제 그 얘기 그만하면 안 돼?"

"그래, 자꾸 같은 얘기를 해서 미안해. 그런데 우리가 제대로 사과하고 이 일을 마무리하기 위해서는 이 문제가 정말 중요해서 그래. 혹시 실수로 A의 얼굴을 차진 않았어? 잘 생각해봐."

"엄마, 발로 찬 건 맞지만 얼굴을 차진 않았어. 정말이야."

예상대로였다. 이번에도 아이의 대답은 똑같았다.

"그러면 이렇게 하자. A가 이 일로 많이 다쳤잖아. 그런데 A는 네가 얼굴을 찼다고 기억한대. 마지막으로 딱 한 번만 A가 기억하는 대로 사과해주면 안 될까?"

"어떻게?"

"얼굴을 발로 차서 미안하다고, 그렇게 사과할 수 있어?"

"그럼 A랑 다시 놀 수 있어?"

“그건 어려울 것 같아. A 엄마가 많이 불안해하셔서. 그래도 사과는 확실하게 하고 끝냈으면 좋겠는데, 그렇게 사과할 수 있겠어?”

“응.”

다 늦은 저녁, 아이 아빠와 함께 아이를 데리고 A의 집을 찾았다. 아이는 A가 기억하는 대로, A의 엄마가 원하는 대로, A의 엄마가 보는 앞에서 A에게 사과를 했다. A가 다쳤을 때에도, 학교에 가서도 계속해서 A에게 사과하고 미안함에 울며 잠들던 아이는 그 집 거실에서 마침내 마지막이 될 사과를 건넸다.

어색하게 사과받는 아이와 눈치보며 사과하는 아이. 두 아이는 사과가 끝나자 바로 손을 잡고 어항을 보며 시시덕거렸다. 사과와는 별개로 A의 엄마는 두 아이가 일절 어울리지 않기를 원했기에 여전히 서로를 좋아하는 두 아이의 모습이 너무나 가슴 아팠다. 그 집을 나서자마자, 문 앞에서 아이를 끌어안았다. 아무 말도 할 수가 없었다. 고작 여덟 살. 제 실수의 대가를 너무나 톡톡히 치러낸 아이에게 나는 아무 말도 할 수가 없어서 그저 안고, 안았다.

상황을 보았다던 반 친구, A엄마가 증인이라고 내세운 그 친구가 사실은 별 생각 없이 거짓말을 했다고 실토했다는 이야기를 나중에 담임 선생님에게서 전해 들었을 때 나는 가슴을 부여잡고 엎드려 토하듯이 울었다.

"엄마가 미안해."

"널 믿는다고 말만 하고 끝까지 너를 지켜주지 않아서 미안해."

"엄마도 힘든 자리에 너를 데리고 가서 미안해."

그러나 여기서 끝이 아니었다. 시간이 지나 아이들은 알게 모르게 다시 어울렸고 그러다 A가 머리를 부딪쳤다는 이야기를 들은 A의 엄마는 이번엔 학폭위 얘기를 꺼냈다. 그것도 그 전의 사건, 이미 여러 차례 진위를 가리고 사과했던 그 일로 학폭위를 열고 싶다고 했다. 학폭위의 목적은 아이의 학급 교체. 두 아이가 완전히 분리되려면 이 방법밖에 없다는 것이었다. 반을 옮기는 것이 가해자에게 내려지는 '처벌'이라는 사실을 전혀 모르는 사람처럼 A의 엄마는 완강했다.

"함께 어울려 살아가는 사회니까 함께 가는 게 맞다고 생각했는데, 그게 내 오지랖이었나 싶어요."

"아이가 자기 행동에 대해 전혀 반성을 안 하는 게 아닌가요?"

"(아이가 ADHD인데) 왜 약을 안 먹이세요?"

"솔직히 처음부터 인상이 좋진 않았잖아요. 그때 그냥 어울리지 말라고 했으면 이런 일이 없었을까 싶고."

"A한테도 그랬어요. 칼이 위험하다는 걸 모르고 옆에 갔다가 찔리는 건 실수지만 칼에 한번 찔리고도 계속 칼을 가까이하는 건 자살행위라고요."

상대의 입에서 떨어진 많은 말이 내 발 앞에서 살아 팔딱거렸지만, 가슴을 부여잡고 바닥에 엎드려 울던 그때처럼 무너져 내리지는 않았다. 이 자리에 아이가 없다는 사실에 그저 감사했다. 아이가 듣지 않는다면 얼마든지 받아낼 수 있었다. 오랜 대화와 설득 끝에 학폭위는 보류하고 쉬는 시간에 아이들을 분리하는 것으로 타협을 했다. 그 뒤로 나는 거의 매일같이 학교를 오갔다.

모두가, 심지어 A의 엄마까지 인정하듯 이 일은 사고였다. 누구도 어떤 의도를 가지고 상대를 해하려 하지 않았다. 아이들끼리 놀다 사고가 났는데 그 사고가 너무 컸다. 사고로 인해 다친 아이와 그 부모가 감당해야 할 고통이 너무 컸다. 그렇다고 그게 함께 놀던 아이가 ADHD이기 때문은 아니다.

일을 키운 사람은 바로 나다.

'그 아이와 함께 놀면 위험해진다.'

'큰 사고가 난 건 사고 현장에 그 아이가 있었기 때문이다.'

상대 엄마에게 그런 생각의 빌미를 제공한 건, 내 아이를 두고 미리 사과하고 양해를 구한 나에게 철저하게 책임이 있었다.

tips

학교에서의 사고, 어떻게 대처할까?

❶ 사과를 남발하지 마라

간혹 ADHD 아동의 부모 중에는 사과의 표정과 몸짓을 기본적으로 장착하고 있는 분들이 있다. 아이의 성향을 대수롭지 않게 생각하고 방치하는 부모도 문제지만, 너무 심각하게 받아들인 나머지 아이 주변을 맴돌며 시도 때도 없이 사과를 남발하는 부모 역시 문제다.

아이 주변에서 큰소리가 나면 반사적으로 내 아이를 혼내고 상대에게 용서를 구하는 행동이 진정 아이를 위한 것인지, 남들의 비난을 피하고 싶은 부모 자신을 위한 것은 아닌지 돌아볼 필요가 있다. 남의 눈치를 보며 다급하게 아이를 혼내면 부모는 '확실하게 훈육하는 좋은 부모'로 보일지 몰라도 아이는 모두가 보는 앞에서 '항상 남에게 피해를 주는 아이', '혼날 짓을 하는 아이'로 굳어지게 된다. 성급하게 사과하지 마라. 사실 관계를 따진 후에 아이의 잘못을 바로잡아도 늦지 않다.

상황 1 **미끄럼틀에서 내 아이와 부딪친 아이가 울고 있을 때**

부모는 아이가 피해를 줬다는 생각에 우는 아이를 달래고 자기 아이를 나무란다. 나중에 자초지종을 들어보니 아이는 규칙대로 미끄럼틀을 타고 내려왔고, 상대 아이는 미끄럼틀을 거꾸로 기어오르고 있었다. 아이도 주의를 기울이지 못한 책임이 있지만, 결과적으로 규칙을 지키지 않은 상대 아이의 잘못이 더 컸던 것이다. 뒤늦게 아이에게 미안하다고 말해봤자 이미 '아이의 잘못'으로 상황이 종결된 후다.

상황 2 아이 친구들이 아이의 행동을 반복적으로 이를 때

얼핏 봐서는 아이가 친구들을 괴롭히는 것처럼 보이지만, 가만히 들여다보면 친구들이 아이를 자극해 자신을 쫓아올 것을 종용한 경우다. 웃으면서 쫓고 쫓기다가도 아이에게 잡히면 우는 소리를 하며 어른들에게 달려오는 것이다. 아이 입장에서는 함께 어울려 놀았을 뿐인데 친구들이 입을 모아 괴롭혔다고 말하니 억울할 노릇이다. 여기에 "친구가 싫다고 하면 놔줘야지!"라는 엄마의 말까지 보태져 아이는 더 억울하고 답답한 심정이 된다.

이 모든 부당한 상황은 부모가 ADHD를 치명적인 약점으로 생각하고 위축되어 있기 때문에 발생한다. 심지어 아무 일도 없는데 아이가 ADHD라는 점을 고백하며 미리서부터 굽신거리기도 한다. ADHD를 팔아 면죄부를 얻으려는 이런 부모의 태도는 오히려 아이에게 심각한 위해가 된다. 문제 발생 시, 아이에게 화살을 돌릴 수 있게 주변 사람들에게 빌미를 주는 것이다.

아이의 존재를 사과하지 마라. ADHD를 부끄러워하지 마라. 부끄럽게 여기기 때문에 미리 위축되는 것이다. 부모가 위축되면 아이는 더 위축된다. ADHD 아이에게 집 밖은 매분 매초 전장이다. 부모는 많은 순간 방패가 되어주어야 한다. 아이에게 직접적으로 가서 닿을 충격을 완화하고, 경험으로 치환할 수 있도록 돕는 방패. 쪼그라든 방패를 들고 전장 한가운데 서 있는 아이는 너무 가엾다.

아이를 위해서라도 어깨를 펴고 당당해져라. 뻔뻔하라는 이야기가 아니다. 무조건 감싸라는 이야기가 아니다. 자책과 사과가 ADHD 부모의 덕목인 양, 미리 엎드려 있지 말라는 이야기다. 아이가 ADHD인 것, 그 자체를 미안해해서는 안 된다. ADHD는 누구의 잘못도 아니다.

❷ 모든 문제는 학교를 통하라

처음 아이들 간의 사고를 인지하고서 바로 상대 부모에게 전화를 걸어 사고 사실을 알렸던 일로 나는 담임 선생님에게 책망을 들었다. 그 전부터 담임 선생님은 아이의 학교생활과 관련된 문제는 최우선으로 자신과 상의할 것을 당부했다.

문제 발생 시, 일단 선생님에게 알리면 학부모와 학부모 사이에 '학교'라는 중재자가 생김과 동시에 공식적인 문제가 된다. 학교가 개입하는 한, 양측 학부모 모두 정중한 자세를 유지하려고 노력한다. 그러나 학부모끼리 개인적으로 문제 해결을 도모하는 경우, 서로 쓸데없는 감정 소모와 진실 공방으로 감정의 골이 깊어지는 경우가 많다. 이런 식으로 대화가 한번 어그러지고 나면 뒤늦게 학교에서 개입한들 좀처럼 해결의 기미가 보이지 않는다.

급한 마음에 섣불리 상대 부모에게 연락하지 말 것. 십중팔구 문제가 꼬이기 마련이다. 설령 상대 부모에게서 먼저 연락이 오더라도 이 사실을 학교에 알려서 중재를 요청해야 한다. 반드시 명심하라. 학교에서 발생한 모든 문제는 학교를 통해서 해결해야 한다.

❸ 아이의 잘못을 함께 책임져라

B의 엄마는 나와 전혀 상반된 태도를 보이던 학부모였다. 그녀 역시 입학 전까지 아이로 인한 원성을 많이 들었고 그 때문에 상당히 위축되어 있었다. 입학 후 얼마 지나지 않아 B를 두고 이런저런 말이 나오기 시작하자 그녀는 나와 정반대의 선택을 했다. 반 톡방에서도 입을 닫았고 학교 행사에 일절 참여하지 않았으며 아이의 등하굣길에도 보이는 일이 없었다. B에게 유독 시달리던 한 아이의 부모가 B의 엄마에게 전화를 걸었을 때 B의 엄마는 이렇게 답했다고 한다.

"그래서요? 안 다쳤잖아요. 저한테 전화하지 마시고 학교에 얘기하세요."

이래서는 곤란하다. 내 아이에 대한 학부모의 문제 제기에 저런 식으로 반응하는 건 부모로서 책임을 회피하는 것이다. B의 엄마는 최소한 이렇게 말했어야 한다.

"계속 가르치고 있는데 자꾸 이런 일이 반복되어 죄송하고 면목이 없습니다. 집에서 단단히 주의시키겠지만, 학교에서의 일은 제가 다 알 수가 없어서 걱정스럽네요. 담임 선생님께 알려서 학교에서도 적절한 조치를 할 수 있게 부탁드리겠습니다."

그러고 나서 담임 선생님에게 전화를 걸어 도움을 요청하는 것이다. 그러나 B의 엄마는 본인의 역할을 학교에 떠넘기고 사람들의 원성 앞에 아이를 홀로 내놓았다. 그렇게 B는 주변의 눈총과 냉대를 혼자 받아냈다. 자신의 행동으로 인한 결과라지만 그 결과를 혼자 감당하기에 B는 너무 어렸다. 엄마가 피함으로써 아이가 자신에게로 향하는 모든 미움을 날것 그대로 마주해야 했다.

결국 1학년이 거의 끝나갈 즈음, B를 두고 교내 학폭위가 열렸다. 1학년 아이를 두고 학폭위가 열리는 것이 그리 흔한 일은 아니다. 이것이 순전히 아이의 성향으로 인해 벌어진 일이라고 단정 지을 수 있을까. 물론 여러 요인이 복합적으로 작용했겠지만, B 엄마의 대처 방식이 달랐다면 결과도 달라졌을 거라는 생각에 몹시 안타까웠다. B의 엄마는 다른 부모들의 원성 앞에서 회피를 택해서는 안 됐다.

대다수 ADHD 아이의 문제 행동은 '악의'의 발현이라기보다는 '무지'와 '결여'에서 비롯된다. 자신을 향해 왠지 화가 나 있는 주변 사람들. 자신이 뭔가 잘못한 것 같긴 한데 정확하게 어떤 포인트에서 타인이 화를 내는지 알지 못하는 아이. 모르고 부족한 아이는 시간이 약이다. 그 시간 동안 아이와 주변이 받을 피해를 최대한 줄이기 위해서는 엄마가 아이 곁에 머물며 반복해서 가르치고 내 아이와 상대 아이를 동시에 보호해야 한다. 상대 아이가 다치지 않도록 신경쓰는 것은 사람의 도리며, 내 아이가 다치지 않도록 신경쓰는 것은 부모의 도리다. 다른 사람의 날 선 반응 앞에 아이를 혼자 두어서는 안 된다. 나서서 아이 편을 들고 따지라는 것이 아니라, 양해를 구하고 적극적인 해결 의지를 보여 아이와 책임을 나눠지라는 것이다. 부모의 소임을 다하라는 것이다.

아이는 어른의 거울이라는 말처럼 아이가 보이는 모습의 상당 부분은 부모에게서 온다. 그러나 간혹 아이의 행동으로 눈살을 찌푸리던 사람들이 예상치 못한 부모의 태도에서 아이의 개선 가능성을 보기도 한다. 그럴 때 아이로 인해 불쾌했던 마음이 조금은 누그러지면서 아이가 달리 보일 수도 있을 것이다. 세상엔 악하거나 착하거나 어느 한쪽으로만 치닫는 사람은 없다. 많은 순간 상대의 마음을 기울게 하는 건 부모의 태도다. 그러니 다시 한 번 간곡하게 부탁한다. 시간이 약이다. 시간이 가면 아이는 좋아진다. 그 시간 동안 아이가 외롭지 않도록, 부모가 다소 괴롭고 힘들더라도 아이 옆에 서 있어야 한다. 부모로서의 존재감을 드러내야 한다.

이따 학교 도서관에서 만나!

학교에서의 사고 이후 나는 거의 매일, 같은 시간에 학교 도서관으로 향했다. 학폭위를 희망하는 A 엄마의 마음을 누그러뜨리고 중간 놀이 시간만이라도 아이들을 떨어뜨려 놓자는 담임 선생님의 중재안이었다. 거기에 A 엄마의 요구까지 더해져 우리 아이는 2주일씩, A는 1주일씩 번갈아가며 도서관에 있기로 했다. 다소 불리한 조건이었지만 나는 군말 없이 따랐다. A와 A 엄마를 위해, 무엇보다 우리 아이를 위해 내가 할 수 있는 일이 있어서 다행이었다.

사실 아이가 도서관에 가 있게 하자고 합의한 것이지, 엄마가 반드시 함께 있어야 한다는 말은 아무도 하지 않았다. 그렇지만 이제 막 친구들과 노는 기쁨을 알아가던 아이에게 모두가 어울려 노는 중간 놀이 시간에 혼자 도서관에 가 있으라고는 도저히 말할 수 없었다. 중간 놀이 시간마다 학교 도서관에서 만나자는 나의 말에 아이는 눈을 반짝거리며 고개를 끄덕거렸다.

최대한 눈에 띄지 않게 조용히 학교를 오가고 싶었지만 중간 놀이 시간이다 보니 자꾸만 아이 친구들과 마주쳤다. 내게 호기심을 보이며 다가오는 아이 친구들에게 방문 이유를 부자연스럽게 얼버무리기보다는 먼저 반갑게 인사하는 쪽을 택했다.

"동혁아 안녕! 오~ 브롤스타즈 옷 입었네~"

"민찬인 항상 인사를 잘해~ 멋있어!"

"예서는 책을 참 좋아하는구나! 오늘은 무슨 책 찾으러 왔어?"

점차 나는 도서관에 가면 '원래 있는 이모'가 되었고, 아이들도 더 이상 나의 존재에 대해 의문을 제기하지 않았다. 한 친구는 "이모는 어떻게 도서관에서 일하게 되었느냐, 우리 엄마에게도 방법을 좀 알려 달라"고 진지하게 요청해오기까지 했다.

하루에 30분씩 아이와 함께 책을 읽으면서 아이는 엄마가 책을 읽어주는 것을 참 좋아한다는 것을 새삼 느꼈다. 중간 놀이 시간이 끝나갈 즈음엔 꼭 엄마가 읽어줄 수 있을 만큼 너무 길지 않으면서도, 또 너무 빨리 끝나버리지는 않을 만큼 적당히 긴 책을 들고 와 내 앞에 펼쳐놓았다. 대부분 자연과 생태에 관련된 책이었다. 공룡에서 파충류, 파충류에서 곤충, 사마귀에서 잠자리, 잠자리에서 장수풍뎅이, 장수풍뎅이에서 사슴벌레로 옮겨가는 아이의 관심사를 지켜보는 일은 흥미로웠다. 우리는 책을 읽으며 알게 모르게 수많은 토론을 했다.

"엄마 난 이런 사슴벌레를 야생에서 잡아다가 키우고 싶어."

"그렇군. 근데 사슴벌레가 야생에서 살다가 우리집에 오면 좋을까?"

"좋지 않을까? 따뜻하고 먹이도 항상 있고."

"글쎄. 이미 야생에서 한번 살아봤는데 아무리 먹이가 있고 따뜻해도 자유롭게 밖에서 돌아다니던 때가 그립지 않을까?"

"얘네 먹이 찾으려고 돌아다니는 건데? 먹이가 항상 있으면 안 돌아다녀도 되지."

"사슴벌레는 원래 겨울에 겨울잠 자잖아. 근데 깨어 있으면 수명이 줄어드는 거 아냐?"

"아니지. 먹이도 항상 있고 따뜻하면 더 오래 살지."

"무조건 오래 살기만 하면 좋은 거야? 너는 남의 집 가서 살면 오래 산다고 하면 거기 가서 살고 싶어?"

"아니."

"사슴벌레도 똑같지 않을까?"

"어차피 야생에서 약한 개체들은 센 놈들한테 밀려서 금방 죽거든. 그런 애들을 데리고 와서 보호해주는 거지."

유치원 생활이 힘들어서 일곱 살 가을, 겨울을 엄마와 함께 도서관에서 보냈던 아이. 그 가을, 겨울 동안 수백 권의 책을 읽어달라고 들고 오던 아이. 그 아이가 이제 혼자서도 책을 읽을 수 있고, 책을 읽다 말고 이렇게 길게 이야기도 나눌 수 있다. 그때에 비하면 지금의 우리는 얼마나 성장했는지. 책은 소리 없이 우리를 응원하고 위로하고 치유했다. 아무도 모르게, 우리가 나아지는지도 모르게, 그래서 나중에는 우리가 아팠는지조차 모르게 될 것이라고. 나는 책에서 희망을 봤다.

학교 도서관을 오가는 일은 자의로 시작한 일이 아니었지만, 일상의 작은 활력이자 바쁜 아침의 소홀함을 만회할 기회가 되었다. 아침에 두 아이 준비시키느라 미처 어루만지지 못하고 보냈던 아이의 마음을 다독이고, 뺨이라도 한 번 더 쓰다듬어 교실에 들여보내는 것이 아이보다 나를 더 안심시켰다. 무너졌던 마음이 천천히 회복되었다.

tips

독서 교육? 책 놀이!

아이는 책을 좋아한다. 다소 분량이 있는 책도 한번 집어 들었다 하면 마지막 장을 넘길 때까지 한자리에 앉아 집중한다. 아이의 동생 역시 책을 좋아해서 글씨도 못 읽는 녀석이 열 권, 스무 권을 내리 본다. 저녁밥을 먹고 나면 노곤해진 아이들은 거실에 자리를 잡고 앉아 책을 읽기 시작한다. 저녁나절의 학구적인 풍경은 매일 보아도 남의 집처럼 낯설다.

아이의 책 읽는 모습을 본 지인들도 예상치 못한 아이의 면모에 깜짝 놀라 독서 교육 비법을 물어오지만, 달리 대답해줄 말이 없다. 딱히 교육이라고 할 만큼 공을 들여 독서를 가르친 적이 없기 때문이다. 우리에게 책은 장소와 시간에 구애받지 않고 항상 곁에 있는 놀잇감이었다.

❶ 잠자리에서 이야기 들려주기

어린 시절에 나는 책을 많이 읽었다. 집에 있는 책들을 하도 반복해서 읽다 보니 한국 전래동화 같은 전집은 줄줄 외우고 다닐 정도였다. 이걸 외워서 어디다 쓴담. 코웃음이 나게 시시한 이 능력은 아이를 키울 때 아주 유용하게 쓰였다. 아이가 좀처럼 잠이 들지 않을 때, 떠오르는 전래동화를 하나씩 들려주면 머지않아 아이 눈이 감실감실 감겼다.

옛날옛날에 바닷속 용왕님이 병이 났대.

메기 의원이 와서 맥을 짚어보더니,

대왕의 병은 바다에 있는 것으로는 고칠 수가 없습니다.

뭍에 나가면 토끼라는 놈이 있는데 그놈의 간이 명약입죠.

용왕은 당장에 충직한 자라를 불러다가

토끼를 데려오너라, 내 큰 상을 내릴 것이야. 분부를 내렸어.

문어 화공이 와서 메기 의원의 설명대로 토끼 그림을 그려주었지.

그걸 들고 지체없이 뭍으로 나간 자라는, 세상에나 운도 좋지.

바닷가 모래밭에 귀가 길고 눈이 빨간 놈이 껑충껑충 뛰어다니는 거야.

거 혹시 토선생되시오?

맞소 내가 흠흠 토선생이오. 어찌 나를 아시오?

처음 보는 동물이 자길 토선생이라고 불러주니 토끼는 그만 우쭐했겠지.

자라는 맘속으로 생각했어.

옳지 이놈 다 넘어왔다.

내 토선생의 하해같이 넓은 학식과 심해 같이 깊은 지혜를 익히 들어 알고 있소.

과연 듣던 대로 이마는 훤하고 눈은 빛나니 풍모 또한 남다르다는 소문이 사실이었구려.

바닷속에까지 토선생의 명성이 자자하외다.

용왕님께서도 그 소문을 듣고 토선생의 지혜를 청하고자 이놈을 보내시었소.

말이 아이에게 들려준다지, 매일 반복되는 육아 루틴에서 엄마의 지루함을 달래기 위한 일종의 노동요였다. 아이에게는 엄마가 첫 이야기책이었던 셈이다.

❷ 일상의 언어로 말하기

위의 예문에서 알 수 있듯 나는 아이에게 말할 때 '유아어'를 거의 쓰지 않았다. 세상에 난 지 얼마 안 된 아이가 처음 듣는 단어를 못 알아듣는 건 당연한 일이다. 말을 배워가는 아이에게 '유아어'나 '어른 언어'나 낯설기는 매한가지 아닌가. 나는 처음부터 아이에게 일상의 언어로 말을 걸었다. 실생활에서 이해하지 못했던 단어를 책에서 마주치면 아이는 흥미를 보였고 문맥 속에서 그 뜻을 쉽게 깨우쳤다. 같은 이유로 책 속에서 접하는 새로운 단어들도 아이가 묻지 않는 한 굳이 풀어 설명해주지 않았다.

❸ 많이 읽어 주기

아이가 돌이 되면서부터 하루에 적게는 스무 권, 많게는 서른 권의 책을 읽어주었다. 책을 많이 읽어주었던 이유는 딱 두 가지다.

첫 번째로, 당시에 나는 면허가 없었고 기동력이 현저히 떨어졌다. 동네에 어울릴 친구가 있는 것도 아니어서 주로 집에 머물렀다. 내내 아이와 집에 있다 보니 책 서른 권쯤은 가뿐하게 읽어줄 수 있었다.

두 번째 이유는 책을 읽어줄 때 아이가 눈에 띄게 차분해졌다는 것이다. 걷기 시작하면서부터 끊임없이 사고를 치던 아이는 책을 볼 때만큼은 방 안에 숨소리만 들릴 정도로 고요해졌다. '책 읽기'는 아이가 좋아하는 많은 활동 중 가장 정적인 놀이였다. 때문에 아이가 책을 들고 오면 언제나 반색하며 읽어주었다.

❹ 책꽂이를 아이의 관심사로 채워주기

아이는 관심사는 보통 2년을 주기로 옮겨갔다. 다섯 살부터 일곱 살까지는 공룡을 좋아했다. 전국에 있는 자연사 박물관을 순회하는 한편, 공룡에 관한 책을 틈틈이 들여주었다. 무시무시한 실사 공룡이 등장하는 내셔널 지오그래피 책부터 아기자기한 공룡 친구들이 나오는 그림책까지, 공룡이 나오는 책이라면 장르를 가리지 않고 보여주었다.

여덟 살에는 파충류로 관심이 옮겨가는가 싶더니 이내 곤충에 빠졌다. 아이가 학교에 들어간 이후부터는 한 달에 한 번 정도 대형 서점이나 중고 서점을 찾아 직접 책을 고르게 했다. 아이는 줄기차게 곤충 관련 책들을 선택했고, 그렇게 장수풍뎅이와 사슴벌레, 사마귀에 관한 책들을 신간부터 절판된 것까지 골고루 모았다.

❺ 만화책 차별하지 않기

아이의 학교 도서관에는 많은 만화책이 비치되어 있었고, 아이는 만화책이라는 새로운 장르에 급속도로 빠져들었다. 아이는 서바이벌 만화 시리즈를 특히 좋아했는데 확실히 다른 책들보다 만화책을 볼 때 훨씬 집중력이 높았고 읽는 속도도 빨랐다. 나는 아이가 공룡 책만 보든, 곤충 책만 보든, 만화책만 보든 일절 관여하지 않았다. 누군가 나에게 오로지 '지식 습득'을 위해 책을 보라고 강요했다면 나는 책을 멀리했을 것이다. 독서의 가장 큰 목적은 '재미 추구'다. 만화책이든 공룡 책이든 재미있게 읽었으면 그걸로 책은 제 역할을 다한 것이다.

문제는 학교 도서관에서 만화책이 대여 불가 도서로 지정되어 있다는 것이었다. 심지어 월요일은 '만화책 안 보는 날'로 정해놓고 도서관 내에서도 만화책 읽기를 전면 금지했다. 이상했다. 만화책을 해로운 매체로 취급할 거라면 왜 굳이 학교 도서관에 갖다놓고 아이들을 애태울까? 선택권을 주고 선택에 죄책감이 따라붙게 하는 건 무슨 경우란 말인가? 많은 어른이 만화책은 책이 아니라고 생각하지만, 만화책 속에도 맥락이 있고, 교훈이 있고, 해학이 있다. 만화책이라면 덮어놓고 혐오하는 어른의 태도는 아이들에게서 독서의 재미를 앗아가는 지름길이다.

종종 아이가 만화책만 본다고 고민을 토로하는 부모들을 볼 수 있는데, 나는 뭐가 문제냐고 되묻고 싶다. 폰 대신 책을 집어드는 것만으로도 감사할 일이다. 폰질은 폰질로, 독서는 독서로 이어진다는 사실을 기억하라. 실제로 아이는 거대 곤충이 등장하는 판타지 만화를 읽다가 궁금한 점이 생기면 자연관찰 책을 뒤져 사실 관계를 확인하기도 하고, 곤충이 나오는 동화책을 찾아 읽기도 한다. 책은 반드시 다음 책을 부른다.

❻ 주기적으로 읽을거리 마련해주기

어린이 잡지를 정기 구독하면 매달 새로운 읽을거리가 집으로 날아온다. 아이들은 잡지가 오면 가장 먼저 본인의 글과 그림이 실렸는지부터 확인한다. 아이들이 보낸 기사나 글, 만화, 그림들을 잡지에 실어주기 때문이다. 본인의 이야기가 선정되면 아이들은 상상 이상으로 몹시 기뻐한다. '읽는 즐거움'에 더해 '쓰는 기쁨'도 알아갈 수 있다. 기쁨을 만끽한 후에는 잡지를 요리조리 넘겨가며 맘에 드는 꼭지를 찾아 읽는다. 보통은 만화부터 쏙쏙 골라 읽고, 만화 대사를 통째로 외울 때까지 읽고 또 읽는다. 만화만 읽고 던져놓아도 좋다. '읽는 즐거움'만 취하면 그만이다.

❼ 시각과 청각을 비워두기

우리집에는 TV가 없다. 대단한 교육 철학을 가지고 TV를 없앤 것도 아니고, TV를 아예 보지 않는 것도 아니다. 거실에 놓인 PC를 통해 하루에 한 시간씩은 아이들이 좋아하는 프로를 본다. 그러나 그 시간 외에는 TV 소리가 일절 들리지 않는다. 조작이 간단해 무심코 틀어놓게 되는 TV와 달리 PC는 볼 것이 정해진 상태에서 필요할 때에만 켜게 된다.

집안에 늘 TV를 켜두면 아이들의 눈과 귀가 심심할 틈이 없다. 아이들은 눈과 귀가 심심해져야 스스로 자극을 찾아 나선다. 책보다 더 큰 자극이 제공되는 환경에서는 책이 눈에 들어오지 않는다. 보지 않을 때만이라도 TV를 끄자. 불필요한 자극을 차단하자.

3부

정신건강의학과를 찾다

정신과, 그 음습한 연대감에 대하여

학교 입학을 전후로 적지 않은 사람들이 아이에게 약을 쓸 것을 권했다. 저명한 정신건강의학과 교수님을 시작으로 아이의 유치원 선생님, 1학년 담임 선생님, 교내 상담 선생님, 의사 선생님, 놀이 치료 선생님, A의 엄마까지. 지속적인 권유에 수차례 병원을 찾았고 도움을 받았다. 그러나 병원의 존재 이유가 '병을 치료하는 것'이다 보니 병원에 있을 때 아이와 나는 우리가 '환자=치료의 대상'이라는 인식에서 자유롭지 못했다. 병원에 가야 한다는 사실을 떠올리면 마음 한구석을 무겁게 짓누르는 중압감을 느꼈다.

나는 '매우 의식적으로' 아이 앞에서 우리의 행선지를 병원이라고 칭하지 않았다. 놀이방에 가자고 했다. 거기 가면 아이들에게 관심이 아주 많은 선생님이 있어서 너와 함께 놀면서 이런저런 얘기를 듣고 싶어 한다고, 최대한 사실만을 조합해 진실을 숨겼다. 다행히 사람을 좋아하는 아이는 아무런 거부감 없이 선뜻 따라나섰다.

병원 문을 열고 들어서는 순간 훅 끼쳐오는 무거운 공기. 낙후된 동네라 그런 것인지 정신과라는 곳이 원래 이런 것인지, 난생처음 발을 들인 정신과는 그간 미디어를 통해 막연하게 상상하던 이미지 딱 그대로였다. '정신건강의학과'나 '정신과'라는 단어로 애써 외면해보지만, 기어이 '정신 병원'이라는 단어를 떠올렸을 때 느껴지는 그 음습한 기분. 나 역시 그러했음을 부정하지는 않겠다. 그러나 아이에게만은 그 기분이 전이되지 않기를 바랐다.

Wee 센터(학생들의 학교 적응을 위해, 학교와 연계되어 각종 심리 검사와 상담을 지원하는 기관)에서 치료비를 지원해주는 우리 동네 유일의 정신과는 여러모로 열악했다. 작은 방이 다닥다닥 붙어있어 가끔은 방과 방 사이의 대화가 들릴 정도였으며, 사방의 벽마다 피부 미용, 다이어트, 마늘 주사 등의 홍보 문구가 매출 증진을 위해 열일 중이었다.

좁디좁은 대기실은 무언가 불안정해 보이는 어른들로 가득했다. 쉴 새 없이 욕을 하는 사람, 누가 보든 말든 3인용 소파를 차지하고 드러누워 두통을 호소하는 사람, 데스크에서 몇 번이나 같은 말을 반복하는 사람. 기껏해야 중·고등학생 정도가 다리를 떨거나 손톱을 물어뜯거나 신경질을 부리거나 그도 아니면 부모의 타박을 묵묵히 감내하며 앉아있을 뿐, 우리 아이 또래의 어린아이는 극히 드물었다.

짐작건대 ADHD 아동을 둔 대다수의 부모는 다양하고 체계적인 프로

그램을 제공해 줄 수 있는 인근 대도시의 심리 상담 전문 센터를 찾는 모양이었다. 나처럼 운전이 서툴러 기동력이 떨어지는 사람은 동네 정신과라도 감지덕지하며 찾을 수밖에. 이곳을 찾는 사람들은 피차 나 같은 이들일 것이다. 여기밖에 달리 대안이 없는 사람들. 대안이 없는 사람들이 잔뜩 모인 곳에서, 우리는 서로의 치부를 적나라하게 관찰할 수 있었다.

아이는 조금 무서웠나 보다. 지금까지 그가 발을 담갔던 모든 세상(유치원, 학교, 또래 집단, 친척 모임 등)에서 본인보다 눈에 띄는 사람은 없었는데, 여기서는 모든 사람이 갖가지 현란한 색으로 존재감을 드러내고 있었다. 늘상 무채색의 사람들 사이에서 형광색처럼 홀로 튀어왔던 아이는 형형색색으로 발광하는 사람들 사이에서 오히려 당혹감을 느꼈다. 아마 아이는 이런 생각을 했던 것 같다.

'내가 이 정도라고?'

'나도 다른 사람들이 보기엔 이렇게 보인다고?'

첫날, 상담을 마치고 집으로 돌아가는데 아이가 말했다.

"엄마, 난 아픈 곳이 없는데 왜 병원에 온 거야?"

의사 선생님, 간호사 선생님, 병원 곳곳의 문구, 대기 중인 환자들. 수많은 지표가 이곳이 병원이라고 얘기하고 있는데 아이가 모를 리 없었다. 나는 다시 무난한 말들로 진실을 뭉뚱그렸다.

“우리가 아픈 곳이 없어도 병원에 오잖아. 주사 맞으러도 오고. 또 지금 건강한지도 보러 오고. 그런 것처럼 하라가 지금 무슨 생각하는지, 하라를 힘들게 하는 건 없는지, 하라도 모르고 엄마도 모르는 하라 마음을 들여다보는 시간도 가끔 필요하거든.”

“엄마. 혹시 내가 학교에서 말을 너무 안 들어서. 나 때문에 A가 다쳐서. 그래서 여기 오는 거야?”

입 밖에 내고 싶지 않았던 말 중 가장 아픈 진실을 아이가 꺼내 들이밀었다. 그런 이유도 없지 않아, 라고 말할 수는 없는 노릇이었다. 거듭 그런 게 아니라고, 누구나 올 수 있는 곳이라고 설명했지만 이미 아이가 병원에서 본 수많은 사람은 아이의 기준에서 ‘누구나’가 아니었다. 병원에 오기 전엔 미처 생각하지 못했던 부작용이었다. 아이가 자신을 ‘누구나’와 많이 동떨어진 사람으로 인식하기 시작했다.

약을 쓸까, 거짓말을 할까(1)

첫 주에 병원에서 처방받은 ADHD 약을 먹이지 못했다. 하루 한 알의 약이 우리의 삶을 비약적으로 바꿔줄 수 있을까. 정말 그렇다면 우린 그동안 헛수고를 한 걸까. 마음이 복잡했다. 내키지 않는 손놀림으로 몇 번이나 약봉지를 들었다 놓았다를 반복하다 일주일을 흘려보냈다. 진료일이 되어 다시 병원을 찾는 마음이 무거웠다.

상담 선생님은 늘 그렇듯 환한 미소와 인자한 표정으로 나를 맞이했다.

"일주일간 어떠셨어요? 약 복용 후에 특별히 달라진 점은 없었나요?"

거짓말을 할까도 생각했다. 플라세보 효과는 본인뿐 아니라 주변 사람들에게도 통하게 마련이니까. 어쩌면 '약을 먹고 있다'는 사실만으로 사람들은 아이를 달리 보기 시작할지도 몰랐다. 사고 이후 A의 엄마도 말하지 않았던가. 왜 애가 ADHD인데 약을 안 먹이느냐고. 그녀의 말은 바꿔 말하면 "왜 마땅히 약을 먹여야 할 아이를 안 먹이고 방치해서 이렇게 주변에 피해를 주세요?"였을 것이다. 그때 알았다. 약물 치료만큼 부모의 노력을 증명하기 좋은 수단이 또 없다는 것을. 마치 약을 먹기만 하면 모든 문제가 해결될 것처럼 생각하는 사람들. 어쩌면 약은 효과가 있든 없든 간에, 우리에게 손쉬운 도피처가 되어줄지도 모르는 일이었다. 내가 약을 아이의 주스 잔에 털어넣을 수만 있다면, 하다못해 약을 먹이고 있다고 거짓말이라도 할 수 있다면 말이다.

ADHD 약을 받아온 다음 날, 나는 아이에게 물었다.

"하라야, 이건 약이야. 가끔 너는 하고 싶지 않은데 뇌가 네 말을 듣지 않을 때가 있잖아. 네가 '뇌야, 이제 그만해'라고 해도 뇌가 말을 안 들을 때, 그럴 때 이 약이 너를 도와줄 수 있어. 어때? 한번 먹어볼래?"

아이는 나의 제안을 거부한 적이 없었다. 이유를 설명하면 무엇이든 받아들였다. 만약 아이 스스로 약을 선택한다면 더는 망설이지 않으리라. 아이에게 결정을 유보할 정도로 나는 혼란스러운 상태였다.

"엄마. 약이 나를 도와줘서 뇌가 내 말을 들으면 그건 내가 한 게 아니라, 약이 한 거잖아."

아이의 입에서 상상도 못 했던 말이 나왔다.

"내가 조금만 더 해볼래. 엄마."

진료실 의자 위에 앉아 대답을 기다리는 선생님 앞에서 내가 지금 어디에 있는가를 상기했다. 나는 왜 병원을 찾았던가. 전문가의 도움을 받기 위해서다. 처방받은 약을 먹이지도 않고, 먹였다고 속이기까지 할 거라면 나는 왜 병원을 찾았나. 거짓말을 할 수는 없었다.

"죄송해요. 사실은…… 약을 안 먹였어요."

선생님의 눈이 동그래졌다.

"그랬군요. 왜 안 먹이셨어요?"

나무라는 말투가 아니었다. 선생님은 여전히 온화한 표정으로 내 행동의 이유를 물었다.

"저는 약을 보면 '부작용'이라는 말이 먼저 떠올라요. 어쩌면 이 약이 앞으로 아이의 정신 건강에 지속적인 영향을 미칠 수도 있다고 생각하니까 겁이 났어요."

"어머니, 그렇지 않아요. 약이라는 건 지속적으로 먹어야만 지속적인 영향을 주는 거예요. 문제가 생기면 약을 끊으면 되는 거고요. 그렇게 두려워하실 필요는 없어요."

전문가의 시선에서 약에 대한 일반인의 막연한 두려움은 얼마나 미련해 보였을 것인가? 그러나 선생님은 조금도 당황하거나 나를 책망하지 않았다. 선생님의 반응에 용기를 내서 아이와의 대화를 그대로 옮겼다. 선생님은 고개를 끄덕이면서 귀기울여 들어주었다.

"아이가 그렇게 말하니 더 고민이 되셨겠어요. 그러면 이렇게 해요. 어머님이 아이와 이야기를 나누신 게 있으니 일단은 아이의 의사를 존중해주세요. 당분간은 약의 도움 없이 스스로 조절하는 노력을 해보자고요. 대신에 한 달이 지났는데도 병원에서 약을 권유한다면 그때는 약을 먹어야 한다고 아이에게 다짐을 받으세요."

이런 게 전문가의 노련함인 것일까? 예상 밖의 답변을 가져온 나에게 상담 선생님은 조금도 불편한 기색을 내비치지 않았다. 나의 이야기를 충분히 경청한 뒤 대안을 제시하여 일방적으로 병원의 지시를 따르는 것이 아니라, 나에게도 선택권이 있다는 느낌을 받게 해주었다. 나도 아이의 이해할 수 없는 생각들 앞에서 이와 같은 태도로 대화에 임해야겠다고, 진료실을 나서면서 생각했다. 약을 쓸까 말까를 결정하기 전, 한 달이라는 시간이 더 생겼다.

약을 쓸까, 거짓말을 할까(2)

사실 약물 치료를 누구보다 적극적으로 권했던 건 아이의 1학년 담임 선생님이었다. 4월 첫 면담 때부터 선생님은 아이의 약물 치료 여부를 물어왔다. 약물 치료는 최대한 미루고 싶다는 나의 말에 이미 같은 반 친구 중 일곱 명이 ADHD 약을 복용하고 있다는 사실을 조심스레 알려주었다. 그 후로도 선생님은 여러 전문가에게서 조언을 구해가며 약물에 대한 나의 거부감을 덜어주려고 지속적으로 애를 썼다.

"선생님, 저는 약을 쓰는 게 정말 무서워요. 지금은 감당하기 힘든 저 에너지가 이 시기를 지나고 나면 좋은 방향으로 뻗어 나갈 수도 있지 않을까요. 당장 눈에 보이는 모습이 불편하다고 약을 써서 타고난 기질을 눌러버리면 아이가 가진 무수히 많은 가능성까지 사라질까 봐 겁이 납니다."

"어머니, 저도 아이 키우는 부모로서 어머님 마음을 이해해요. 저는 하라가 약을 쓰지 않고는 절대 나아질 수 없다고 말하려는 게 아닙니다.

하라는 개선 가능성이 큰 아이에요. 분명히 2학년 되면 더 좋아지고, 3학년 되면 훨씬 더 좋아질 겁니다. 다만 제가 걱정되는 점은 아직 주변의 이목을 끄는 요소가 많이 보인다는 거예요. 약을 씀으로써, 불필요하게 주목받는 상황을 최대한 줄였으면 하는 거지요. 제가 아무리 하라를 보호하고자 해도 1학년 전체로 말이 새어 나가면 일이 커져요. 요즘 학부모들은 우리 때랑 달라요, 어머님. 한 번 학부모들 눈 밖에 나면 복잡해져요."

선생님 말에 일리가 있었다. 나는 아이를 학교에 보내기를 선택했고 학교에선 담임 선생님이 아이의 보호자였다. 공동 책임자인 선생님의 계속되는 권유와 호소를 무시할 수 없었다. 아이로 인한 선생님 본인의 고충 때문이 아니라 아이를 위한 진심 어린 조언임을 잘 알고 있었다.

내 신념을 끝까지 고집할 거라면 아이를 학교에 보내지 말았어야 했다. 내게는 홈스쿨링을 강행할 만큼의 동기도, 각오도 없었다. 부모인 내가 마이너의 삶을 살고 있을지언정 아이가 마이너의 삶을 살기를 바라지 않았다. 아이는 어쨌든 사람들 가운데 어울려 살아야 하고, 그러기 위해선 대다수의 사람이 이수하는 공교육 과정 속에서 그들과 어울리는 법을 체득해야 했다. 사고가 있은 후에 선생님의 말을 따라 병원에 가서 약을 처방해주기를 청한 것은 그 때문이었다.

그러나 앞서 고백했듯 나는 결국 약을 먹이지 못했고, 담임 선생님과의 면담을 앞두고 다시 고민에 빠졌다. 병원 진료실 앞에서 갈등할 때와 마찬가지로 거짓말을 할까도 생각했다. 결국 솔직하게 털어놓기로 마음을 먹었지만 막상 선생님 앞에 서니 쉽게 입이 떨어지지 않았다. 계속해서 약의 필요성을 주장해왔던 선생님에게는 '약을 처방받았지만 먹이지 않았다'는 말이 배신처럼 느껴질지도 모르기 때문이었다. 나야 부모니까 아이의 남다른 일상을 감당한다지만, 선생님은 무슨 죄로 이 아이의 담임이 아니었다면 하지 않아도 됐을 고생을 감내해야 한단 말인가.

약이 도와줘서 말을 들으면 그건 내가 한 게 아니라 약이 한 거라고, 그러니까 내가 조금만 더 해보겠다던, 아이의 말을 그대로 전했다. 당장 약을 쓰는 것이 급한 일은 아니니 한 달만 더 지켜보자던 상담 선생님의 제안도 함께 전달했다. 그동안 약물이 채워야 할 부분까지 두 배로 더 노력하겠다고, 한 달 뒤에도 여전히 약물을 써야 한다는 소견이 나오면 그때는 반드시 쓰겠다고, 묻지도 않는 선생님에게 앞으로의 계획을 주절주절 늘어놓았다. 선생님은 나의 결정을 못 미더워하면서도 존중해주었다.

"어머니, 저는 어머니를 믿고 아이를 지도해요. 어머니도 그러셔야 하고요. 어떤 결정이든 하라에 대한 거라면 지금처럼 저한테 솔직하게 말해주세요."

마음이 탁 놓였다. 선생님에게 버림받지 않았다는 사실, 선생님의 동의 아래 약물 치료를 유보했다는 사실에 안도감이 밀려왔다.

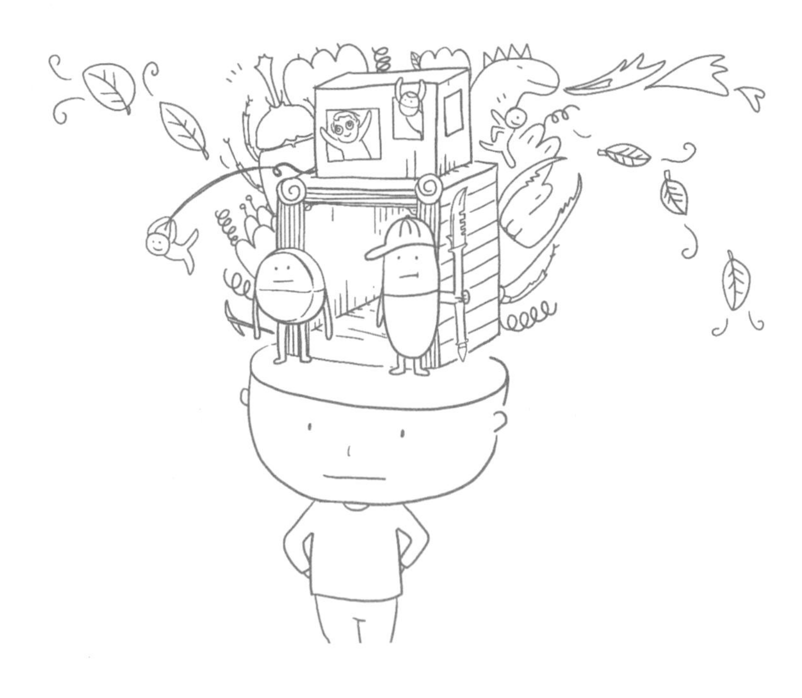

약을 쓸까, 거짓말을 할까(3)

약속한 한 달이 되기 전, 담임 선생님에게서 전화가 걸려왔다. 담임 선생님 번호가 뜨면 본능적으로 긴장 상태가 된다. 어떤 말에도 놀라지 않을 마음의 준비를 하는 것이다.

"어머님, 혹시 하라가 최근에 ADHD 약을 먹고 있나요?"

이게 무슨 소리지? 전화를 받기 전 단단히 붙들었던 마음이 철렁 내려앉았다.

"그럴리가요. 갑자기 약을 먹게 되더라도 선생님께 먼저 상의드렸을 거예요."

목소리가 떨려나왔다.

"그렇죠? 어머님이 저한테 아무 말씀 없이 약물 치료를 시작하셨을 것 같지는 않은데, 요즘 하라가 너무 달라졌거든요. 좋은 방향으로요. 원래 조금씩 발전하는 모습을 보이긴 했지만, 요 며칠 사이 갑자기 확 좋아졌어요. 큰소리 나는 일도 줄었고요. 저번 주부터 지켜보다가 아무래도 뭔가 지금까지와는 다른 조치를 취하신 게 아닌가 해서 혹시나 하는 마음에 연락 드렸어요."

뜻밖의 소식이었다. 지금껏 아이가 소속되었던 교육 기관에서 수차례 전화를 받았고, 온갖 부정적인 피드백을 들어왔지만, 이런 적은 처음이었다. 이때까지와는 사뭇 다른 온도의 통화 내용에 나는 내내 찬 것을 들이키다가 따뜻한 것이 이에 닿았을 때처럼 어찌할 바를 몰랐다. 내가 입을 벌리고 할 말을 찾는 동안 선생님은 계속해서 말을 이어갔다.

"어머님, 저도 전문의가 아니다 보니 이런 말씀을 드리기가 조심스럽지만...... 지금 같은 상태가 계속 이어진다면, 제 생각엔 굳이 약을 안 쓰셔도 될 것 같아요."

1년 전, 아이의 행동이 ADHD 증상임을 처음으로 알려주었던 정신건강의학과 교수님은 "약을 쓰면 다 괜찮아진다"고 말했었다. 그만큼 아이의 개선을 위해 필수적으로 전제되는 것이 약물 치료였다. 우리가 만났던 어떤 전문가도 아이에게서 약을 떼어놓고 아이의 개선을 이야기하지 않았다. 그중에서도 약물 치료의 필요성을 가장 강력하게 주장했던 사람은 부모인 우리 다음으로 많은 시간 동안 아이를 보호하는 담임 선생님이었다. 여태 우리와 가장 비슷한 곤란을 겪어왔던 담임 선생님의 입에서 '약을 쓰지 않아도 될 것 같다'는 말이 나온 것이다.

아이의 변화를 알아차린 건 담임 선생님만이 아니었다. 1학년 초, 담임 선생님의 요청으로 '아이의 짝꿍'이라는 특별 임무를 맡았던 같은 반 여자친구(이하 Y)가 있었다. Y는 또래보다 속이 깊고 어른스러운 아이로, 어른들뿐 아니라 또래 아이들도 Y의 그런 점을 알아보고 주변으로 몰려들었다. Y는 본인은 물론이고, 친구 한 명 정도는 거뜬히 챙길 수 있는 아이였다. 그런 Y를 눈여겨 본 담임 선생님은 Y의 엄마에게 전화를 걸어 Y를 아이와 함께 앉히는 일에 대해 허락을 구했고, 그렇게 4월 한 달 동안 Y는 아이의 짝꿍이 되었다.

두고두고 Y와 그의 엄마에게 고마워하다가 1학년이 거의 끝나갈 무렵 학부모 모임에서 Y의 엄마를 만날 수 있었다. Y의 엄마는 모두가 모인 자리에서 내가 민망할 정도로 아이를 칭찬했다. 어느 날 집에 돌아온 Y가 "난 하라랑 또 같이 앉고 싶은데, 이제 하라가 잘해서 나랑 앉을 필요가 없어."라고 했다는 얘기를 전해주면서 말이다.

또 다른 여자친구 H의 엄마는 아이들이 유치원생일 때부터 나와 잘 알고 지내던 사이였고, 아이의 성향을 익히 알고 있었다. 그렇기에 자기 딸이 아이와 같은 반이 되었다는 소식을 들었을 때 더더욱 걱정이 많았을 것이다. 아닌 게 아니라 H의 엄마는 매일 아침 딸에게 신신당부했다고 한다.

"하라한테는 뭐라 뭐라 받아치지 마. 너 그러다 한 대 맞는 수가 있으니까."

그랬던 H의 엄마가 1학년 막바지에 내게 전해준 H의 말은 오래도록 나를 뭉클하게 했다.

"엄마, 하라는 장난을 좋아해서 그렇지, 참 마음이 따듯한 아이야."

주변이 모두 느낄 정도로 아이를 달라지게 한 힘은 어디서 왔을까? 그즈음 아이에게 일어난 변화의 원인은 크게 세 가지로 추측해볼 수 있다.

❶ 성장에 의한 자연스러운 변화

아이는 늘 그랬다. 신체적으로도, 정신적으로도 갑자기 비약적인 발전을 보이는 시기가 찾아왔다. 영유아기엔 '급성장기'라고 불리는 그 시기를 지나고 나면 아이는 훌쩍 커 있곤 했다. 1학년의 끝자락, 아이에게 마음의 급성장기가 찾아왔던 걸까? 오롯이 내가 길렀다고 생각했는데 시간 또한 아이를 이만큼 길러놓았다.

❷ 본인의 각오

"약을 써서 뇌가 내 말을 들으면 그건 내가 한 게 아니라, 약이 한 거잖아. 내가 좀 더 해볼래."

말의 무게를 알고 자신이 뱉은 말에 책임질 줄 아는 아이. 내가 가장 자랑스럽게 생각하는 아이의 장점이었다. 본인의 뇌가 본인의 의사를 거스를 때, 아이는 본인의 입으로 했던 말을 떠올렸을 것이다. 자기를 충동질하는 자신을 다그쳐가며 아이가 해낸 것이다.

❸ 정서적 안정감

등교 시간에 맞춰 교문 앞에서 손을 흔들어주고 나면 곧 다시 학교로 향할 시간이 됐다. 중간 놀이 시간에는 학교 도서관에서 아이와 함께 책을 읽었고, 두세 시간이 지나면 다시 하교 시간이 되어 아이를 만났다. 그러니까 우리는 거의 두 시간 간격으로 계속 얼굴을 마주했다. 덕분에 아이는 1학년을 통틀어 정서적으로 가장 안정된 시기를 보내고 있었다.

그러니까 오늘의 아이는 '시간'과 '아이'와 '나'의 합작품이었다. 약도 안 쓰고, 거짓말도 하지 않았다. 신념도 양심도 모두 지켰다. 그러나 나의 신념과 양심을 위해 얼마나 많은 사람의 이해와 수고가 동반되어야 했는지. 나는 뭐 때문에 그렇게 유난을 떨어야 했을까. 아직도 나는 그때의 결정이 잘한 결정인지, 확신이 없다. 많은 선택이 결과로 말해지곤 하니까. 만약 약을 쓰지 않고 지켜보기로 했던 그 한 달 사이에 또 다른 사고가 일어났더라면 그때 나의 결정은 완전히 잘못된 것으로 판명되었을 것이다.

그러니 나의 경험에 비추어 약을 써라, 말아라 할 수는 없는 노릇이다. 선택은 오로지 개인의 몫이다. 모두에게 통하는 확실한 해답은 어디에도 없다. 그러나 주변 사람들에 대한 부채감에 떠밀려 '최소한의 성의'를 보이기 위해 약물 치료를 시작하는 일만큼은 극구 말리고 싶다. 약물 치료를 포함한 모든 시술은 온전히 아이를 위한 일이라는 판단이 섰을 때 시작되어야 한다.

선생님, 같이 놀아요

약물 치료를 '최후의 보루'로 남겨두고 놀이 치료가 진행됐다. 병원에서 추천해준 놀이 치료 선생님은 평일 오후 진료를 맡고 있는 P 선생님이었다. P 선생님은 남자아이들 특유의 자유분방한 성향을 잘 이해하고 대처가 능숙해서 유독 남자아이들과의 합이 좋았고, 자연스럽게 병원 내 '남아 전담 놀이 치료 선생님'으로 자리잡고 있었다. 그럼에도 P 선생님을 포기하고 주말 진료 담당인 L 선생님을 선택한 건, 아이 아빠가 동행할 수 있는 유일한 날이 주말이었기 때문이다.

주말의 진료실은 무척이나 붐볐다. 주말 진료를 전담하는 L 선생님은 미혼으로 짐작되는 아주 젊은 분이었다. 아이의 차례가 되면 L 선생님은 놀이 치료실 방문 앞에서 겨우 얼굴만 내밀고 아이를 부르곤 했다. 그것도 '놀이방'이라고 아이는 순순히 선생님의 부름에 이끌려 방 안으로 들어갔다. 아이는 그 작은 방에서 30분이나 무엇을 하면서 노는 걸까. 방문이 닫혀있는데도 가끔 밖으로 새어 나오는 아이의 괴성과 이어지는 선생님의 당황을 통해 치료실 안의 분위기를 읽을 수 있었다.

아이가 나오면 내가 불려들어갔다. 겨우 어른 두 사람이 마주보고 앉을 정도의 공간을 제외하고 장난감이 빼곡히 들어차있는 방. 우리는 장난감들에 둘러싸인 채로 문답을 주고받았다. 선생님은 내게 간단한 질문을 던지고 답을 들은 후에 본인이 파악한 아이의 문제 성향들을 나열했다.

그중 '틱'에 대한 이야기는 내가 미처 모르고 있던 사실이었다. 아이가 팔꿈치를 튕기듯이 굽혔다 펴는 동작을 쉼 없이 반복한다고 했다. 나는 늘상 아이와 손을 잡고 다니면서도 그것을 인지하지 못했었다. 선생님의 말을 듣고서야 종종 아이와 손을 잡고 걸을 때마다 내 팔이 함께 튕겨지곤 했던 것이 떠올랐다.

"그게 틱이에요. 틱은 다른 양상으로 계속해서 옮겨가기 때문에 보호자께서 잘 관찰하고 관리해주셔야 해요."

그때부터 아이의 틱을 감지하기 위해 의식적으로 더 자주 아이의 손을 붙들었다. 틱을 인식하자 틱이 거슬리기 시작했다. 유독 팔에 진동이 심하게 전해지던 어느 날, 참지 못하고 입을 뗐다.

"하라야, 이거 재밌어? 재밌어서 하는 거야?"

"아니 엄마. 재밌어서 하는 게 아니고 이걸 안 하면 너무 불편해."

'이걸 안 하면 불편하다'는 게 어떤 건지 나는 너무 잘 알았다. 한다고 해서 딱히 편해지는 건 아닌데, 안 하면 내내 불편하고 몸 어딘가가 근질거리고 나중엔 머릿속까지 근질거리는 것 같은 그 불편함. 그건 의지의 영역이 아니다.

나 또한 비슷한 경험이 있었다. 손톱 밑의 거스러미를 견디지 못해서 물어뜯기 시작한 것이 스무 살이 되도록 남들 앞에서 너덜너덜한 손톱을 감추느라 애를 먹었다. 손톱을 물어뜯는 게 딱히 재밌는 건 아닌데, 물어뜯지 않으면 미칠 것 같았다. 주변의 걱정 어린 시선을 느꼈지만 행동을 멈추는 데는 별 도움이 되지 않았다. 오히려 시선을 피해가며 더 치열하게 물어뜯었다.

물론 손톱을 물어뜯는 행동 그 자체는 틱이 아니지만, 불안과 초조에서 기인한다는 점이 틱과 유사하며, 실제로 손톱 물어뜯기로 시작해 틱으로 이어지는 경우가 꽤 있다고 한다. 당시에 나의 부모님은 이런 나의 행동을 '나쁜 버릇'으로 치부하긴 했지만, 누구도 이것을 두고 '틱'이라든가 '증상'이라든가 하는 꺼림직한 이름으로 부르지 않았었다. 그러나 이름을 불러준 순간, 아이의 행동은 나에게로 와서 기분 나쁜 '증상'이 되어버렸다.

아이 아빠에게 아이의 증상에 대해 알고 있느냐고 물으니 자신은 진작부터 알고 있었다고, 입 밖으로 꺼내놓으면 아이가 의식하면서 더 부자연스러운 행동을 하게 될까 봐 부러 말하지 않았다고 했다. 아이 아빠

말이 맞았다. 내가 안다고 한들 달리 할 일이 없었다. 오히려 아이에게 내색하지 않기 위해선 나조차 모르는 게 나았다. 몰랐던 때로 돌아가기로 마음먹었다. 팔을 튕기는 것이 아이의 불편한 마음을 조금이라도 해소해준다면, 그깟 게 뭐 그리 대수란 말인가. 쉴 새 없이 오줌을 누러 가던 아이를 못 본 척 하던 그때처럼, 나는 그냥 모르기로 했다.

그 후로 3-4회의 놀이 치료를 더 진행하며 알게 된 점은 선생님은 매번 아이가 놀이감을 선택해서 놀게 둔 뒤, 자신은 아이가 노는 것을 지켜보며 관찰 기록지를 작성한다는 사실이었다. 처음에야 집에 없는 장난감이 신기해 혼자서도 곧잘 놀았겠지만, 아이는 원체 저 혼자 노는 타입이 아니었다. 내심 선생님과 함께 놀기를 바랐을 게다. 그러나 선생님은 철저히 관찰자의 입장을 고수했다. 아이 앞에서 관찰의 시간을 가진 후에는 내 앞에서 평가의 시간이 이어졌다.

"놀이 패턴이 늘 같아요. 항상 육식동물이 초식동물을 공격하고 잡아먹으면서 끝나요."

"폭력성이 있어요. 이런 아이들은 필히 약물을 쓰셔야 해요."

선생님의 냉철한 피드백은 내가 아이의 행동을 객관적으로 바라보는데 어느 정도 도움이 되었다. 그러나 아이는 그 시간을 통해 어떤 즐거움도 위안도 받지 못했다. 아이는 이 곳이 병원이며 자신이 치료의 대상으로 여기에 왔다는 것을 잘 알고 있었다. 방문 목적에 맞게 선생님은 아이를 오로지 '교정'의 대상으로만 보았으며, 그런 선생님의 생각에도 일리가 있었다. 그러나 내 바람과는 거리가 멀었다. 아이에게 더 도움이 될 수 있는 선생님을 만나기 위해선 결단을 내려야 했다. 주말에서 평일로 진료일을 옮겼다. 평일 오후에만 만날 수 있다는 '남아 전담' P 선생님에게 기대를 걸어보기로 했다.

다음 주 목요일, P 선생님과의 첫 진료일. 처음으로 아이 아빠 없이 운전대를 잡았다. 면허를 따고 1년이 되도록 제대로 된 시내 드라이빙 한 번 한 적이 없었다. 시동을 걸기도 전부터 나는 벌벌 떨었다. 한동안 온기가 닿지 않은 핸들보다 내 손이 더 차갑게 느껴졌다.

"벨트 했어?"

"응!"

아이의 대답과 동시에 비장하게 시동을 걸었다.

그동안 어떤 일이 있으셨어요?

평일 오후 병원은 한산했다. 이제껏 느껴보지 못한 여유로움이었다. 대기실에 앉아있던 우리를 향해 걸어온 P 선생님은 아이와 눈을 맞추며 인사를 건넸다.

"하라야 안녕? 오늘 선생님하고 한번 재밌게 놀아볼까?"

대기실에서 진료실까지 불과 10미터도 안 되는 거리. 앞 차례 아이를 배웅하는 동시에 아이를 마중나온 것이었다. 처음 보는 선생님이 낯설었는지 아이는 나를 돌아보았고, 내가 고개를 끄덕이자 선생님을 따라 놀이 치료실로 향했다.

들어간 지 10분도 지나지 않아 아이가 내지르는 괴성이 방문을 뚫고 병원 전체에 울려 퍼졌다. 순간 습관처럼 긴장이 됐다. 그런데, 이상했다. 늘 당연하게 뒤따르던 선생님의 당황이 그날은 읽히지 않았다. 시간이 한참 지났는데도 마찬가지였다. 긴장을 풀어도 되는 걸까. 꽉 잡고 있던 가방을 슬며시 놓았다.

놀이 치료실 안에서 선생님은 아이에게 오롯이 시선을 맞췄다. 아이의 놀이 세계 안으로 함께 들어가 완벽한 놀이 파트너가 되어주었다. 나는 완전히 마음을 놓은 채 아이를 기다렸다. 30분 내내 안절부절못하며 놀이 치료실 문을 두드릴까 말까 고민했던 예전과는 달랐다. 진료실 안 선생님이 아이의 행동을 편안하게 받아들이고 아이에 동화되자 진료실 밖 사람들도 더는 진료실에서 흘러나오는 소리에 불편을 느끼지 않았다. 이전엔 아이의 괴성이 선생님마저 통제할 수 없는 문제 상황처럼 여겨졌다면 이제는 자연스러운 놀이 치료의 과정처럼 보였다.

30분을 채우고 아이와 함께 나온 선생님은 놀이 치료실 대신 상담실로 나를 이끌었다. 어수선한 놀이 치료실 바닥이 아닌 정돈된 상담실 책상을 사이에 두고 마주앉았다. 장소만 바뀌었을 뿐인데 마음이 훨씬 차분해졌다. 선생님은 그날의 놀이와 대화를 복기하여 내게 들려주었다.

"하라는 주로 몸을 쓰는 놀이, 약육강식의 생태계를 반영하는 놀이를 좋아하는데 그 안에는 다 자기 나름의 법칙과 이유가 있어요. 그것에 대해 물었을 때 아주 순수하게 본인의 철학을 얘기하거든요. 하라 만의 독특한 생각들이 참 재미있어요. 중간중간 하라가 소리를 지르면서 공룡 흉내를 낼 때마다 제가 함께 공룡이 되어 소리를 질러주면 무척 좋아하더라고요."

선생님의 얘기에 나는 연신 고개를 끄덕거렸다. 가족끼리만 알고 있던 아이의 진면목을 다른 사람이 발견해 내게 들려주는 것이 신기하고 흐뭇했다.

"자, 이제 어머님 얘기가 듣고 싶어요. 그동안 어떤 일이 있으셨어요?"

이어진 선생님의 말에 나는 당황했다. 앞서 아이의 놀이 치료를 진행했던 L 선생님은 내게 그런 것을 궁금해하지 않았다. 그날의 아이를 관찰하고 보고하는 것이 전부였다. P 선생님이 내게 듣고자 하는 이야기가 어떤 것인지 얼른 알 수 없어 망설여졌다. 남아있는 상담 시간은 15분 남짓. 방향을 잘못 잡아 횡설수설하느라 선생님의 시간을 뺏으면 어쩌지? 좀처럼 입을 떼지 못하는 내게 선생님이 재차 물어왔다.

"보통 이렇게 병원을 찾기까지 오래 고민하셨던 경우가 많잖아요. 지금까지 하라를 키우면서 있었던 일들이라든지, 아니면 최근에 갑자기 병원을 찾게 된 특별한 계기가 있었나요?"

그러니까 선생님은, 아이가 여덟 살이 되기까지 내가 해왔던 고민들, 또는 최근에 있었던 일들, 그 외 아이와 관련된 어떤 이야기라도 들을 준비가 되어있다고 말하는 중이었다. 어디서부터 이야기를 시작해야 할지 몰라 병원을 찾게 된 최근 사고에 대해 털어놓았다. 이야기 도중 감정이 북받쳐 몇 번 말을 멈췄다. 나도 몰랐던 속내가 쏟아져 나왔다. 사고를 수습하는 과정에서 내가 느낀 엄마로서의 죄책감과 한 인간으로서의 굴욕감, (지인들에게는 차마 털어놓을 수 없었던) 그 외 적나라한 감정들까지. 선생님은 동요하지 않고 묵묵히 들어주었다.

주목받는 아이의 엄마로서 그간 나는 내 감정에 솔직하기 힘들었다. 항상 한도 초과로 본인의 감정을 내보이는 아이 옆에서, 나는 그림자처럼 눈에 띄지 않게 그를 보좌할 뿐이었다. 생판 남에게 아이의 치부가 될지도 모르는 이야기를, 내 밑바닥의 감정까지 삭삭 긁어내 보이며 털어놓은 것은 처음 있는 일이었다. 짧지 않은 이야기를 마치고 나는 기진맥진했다. 갑자기 후회가 밀려들었다. 실수한 건 아닐까. 아이의 치료를 위해 왔는데 내가 받은 상처를 늘어놓다니. 그것도 피해 아이의 엄마를 원망하는 듯한 뉘앙스로. 뻔뻔한 엄마라고, 그 부모에 그 자식이라고, 아이까지 부정적으로 생각하지 않을까. 나는 어느새 다시 동네에서처럼 선생님의 눈치를 살피고 있었다. 그러나 이번에도 선생님의 입에서 나온 말은 나의 예상을 뒤집었다.

"어머님은 그 상황에서 할 수 있는 최선의 선택을 하신 것 같아요. 학교라는 특수한 환경 속에서 아이가 다른 학부모들의 입에 오르내리는 것을 막기 위해서요. 저라도 같은 선택을 했을 거예요. 그러니 그 일로 더는 자책하지 않으셨으면 좋겠어요."

왈칵 눈물이 나올 뻔 했다. 선생님의 말은 객관적으로는 맞는 말이 아닐 수도 있지만, 당시의 내게는 정말 간절한 말이었다. 학부모와의 관계에서 나의 저자세로 인해, 아이가 실제로 감당했어야 할 몫보다 더 큰

대가를 치르게 만들었다는 죄책감에 내내 시달리고 있을 때였다. 그런 내게 "너는 틀리지 않았다, 나라도 그렇게 했을 것이다, 최선의 선택이었다"는 선생님의 말은 큰 위로가 되었다. 선생님과 이야기를 나누며 그동안 아이를 챙기느라 지나쳤던 나의 감정을 꺼내 보았다. 상처받았음을 인정하고 나서야 나는 서서히 회복되어갔다. 상처가 회복되니 아이를 바라보는 나의 시선에서도 측은함이 거두어졌다.

놀이와 치료가 균형을 갖추다

한 달이 경과했을 즈음 선생님은 아이의 놀이 패턴에 변화를 줄 것을 권했다.

"하라 같은 경우는 그동안 가정에서 몸으로 굉장히 잘 놀아주셨다는 게 느껴져요. 남자아이들은 특히 아빠와 교감하며 몸으로 노는 시간이 참 중요한데 하라는 이런 신체적 교감이 충분한 상태예요. 이제 몸으로 노는 역동적인 놀이에서 조금 더 나아가서, 규칙이 있고 그것을 준수하는 정적인 놀이도 가족이 함께 해보면 좋을 것 같아요."

그 길로 당장 부루마불과 젠가, 할리갈리를 샀다. 사면서도 이걸 살리 말리, 긴가민가했다. 불과 반년 전까지도 아이는 힘 조절이 잘 되지 않아 신중을 기해야 하는 보드게임에 취약했고, 그렇게 내리 몇 판을 지다 보면 화를 내며 흥을 깨버리기 일쑤였다. 학교에서 보드게임을 할 때 친구들이 자신은 힘이 너무 세다며 끼워주지 않는다는 얘기를 한 적도 있었다. 고작 6개월 사이에 뭐 그리 드라마틱한 변화가 있을라고? 숙제하는 기분으로 아이와 부루마불을 시작했다가 나는 깜짝 놀랐다. 아이가 세 시간을 너끈히 앉아 게임을 하는 것이 아닌가. 심지어 아이는 나를 상대로 승리를 거뒀다. 아이의 능력(인내력, 계산력, 이해력)이 이만큼 자라 있는 줄 모르고 여태 몸으로 부대끼며 놀아주면 장땡인 줄로만 알았다.

다음으로 선생님은 아이가 사회적으로 허용되지 않는 행동을 했을 때 '멈칫하는 반응'을 보일 것을 제안했다. 아이의 특성을 아는 가족들이 보기에는 이해 가능한 행동이라고 해도, 이것이 가정이나 병원이 아닌 밖에서 발현되었을 때 일반적으로 용인되지 않는 행동이라면, '멈칫하는 반응'을 보임으로써 '잘못된 행동'임을 인지시켜야 한다는 것이었다.

그때까지 나는 "집에서 가족이랑 지낼 땐 아무 문제가 없는데 밖에 나가서 사람들과 어울릴 때가 문제예요."라는 말을 종종 했다. 밖에서 받아들여지지 못하는 아이가 안쓰러워 웬만한 행동에 대해 크게 지적하지 않고 예사로 넘어가는 일이 많았다. 이것이 모든 문제의 시작이자 핵심이었다. 아이를 잘 아는 사람들 사이에서는 용인되는 행동이 밖에 나가 낯선 사람들과 어울릴 땐 그렇지 않다는 것. 그러니 아이는 혼란스러웠을 것이다. '엄마는 괜찮다고 했는데 저 사람은 왜 나한테 화를 내지?' 혼란스러움 뒤에는 곧 분노가 따라왔다. '저 사람이 나를 싫어하는구나! 나를 싫어하는 사람 말은 나도 절대 안 들을 거야!' 이런 식으로 악순환이 반복되었던 것이다.

집에서 엄마가 '잘못된 행동'을 지적해 잘못이 잘못임을 알게 해야만 밖에서 같은 지적을 받았을 경우에도 아이가 쉽게 수긍하고 인정할 수 있다. 집이니까, 가족이니까, 원래 그러니까, 우리끼리 덮어주고 넘어가는 건 결과적으로 아이를 위하는 일이 아니었다.

선생님은 아이를 ADHD 환자 유형 중 하나가 아닌 그냥 '하라'로 대해주었다. 아이 특유의 엉뚱함과 야생성을 ADHD 행동 특성이 아닌, 있는 그대로의 개성으로 받아들이면서도 개선해야 할 점은 그때그때 짚어주었다. 덕분에 우리는 이제껏 간과해왔던 것들을 돌아보고 고쳐나갈 수 있었다.

P 선생님과의 마지막 진료일, 선생님은 내게 이런 이야기를 해주었다.

"아이들은 정도의 차이가 조금 있을지언정 그렇게 크게 다르지 않아요. 오히려 큰 차이를 보이는 건 부모님들의 양육 태도예요. 상담실에 들어오셔서 아이 때문에 본인이 얼마나 힘든지, 자신이 아이에게 얼마나 시달려왔는지, 그런 하소연으로만 20분을 가득 채우시는 분들도 많아요. 그런 분들은 당연히 아이의 모습이 마음에 들지 않죠. 하지만 어머님이 바라보는 하라는 말이 통하고, 순수하고, 마음이 따뜻하고, 양보와 배려를 할 줄 아는, 무수히 많은 장점을 가진 아이예요. 항상 아이의 입장에서 생각해보려는 노력, 또 아이의 좋은 점을 발견해줄 수 있는 능력, 그건 부모로서 최고의 재능이에요. 그런 긍정적인 기운이 하라에게 전해져서 하라는 반드시 좋아질 거라고 생각합니다."

가끔 아이와의 일상이 버겁게 느껴질 때면 "아이는 반드시 좋아질 것"이라던 P 선생님의 말을 떠올린다. 겨울이 막 시작될 즈음 P 선생님과의 인연은 마무리되었다. 겨우내 주머니에 손을 넣고 다니다가 오랜만에 아이의 손을 잡았을 때 나는 깨달았다. 반복적으로 팔을 튕기던 아이의 틱이 완전히 사라져있었다.

P 선생님을 만나지 못했더라면 아이는 지금쯤 어떤 모습일까. 아마 또 다른 좋은 선생님을 만나 마찬가지로 성장했을 것이다. 아이들은 생각보다 훨씬 강한 존재니까. 그럼 나는 어땠을까? P 선생님을 만나지 못했더라도 상처를 극복할 수 있었을까? 극복해냈을 것이다. 나 또한 아이의 엄마로 살며 적지 않은 내공을 쌓아왔으니까. 꼭 P 선생님이 아니었어도 우리는 오늘을 살아내고 있을 것이다. 그래도 P 선생님을 만날 수 있었음에, 그 시절 우리의 인연이 닿았음에 감사한다.

4부

관계를 맺다, 결실을 맺다

좋은 엄마, 누군가에겐 나쁜 사람(1)

"죽여버릴 거야! D는 없어져 버려야 해!"

12시 40분 하굣길. 하교하는 아이들과 마중 나온 학부모들로 붐비는 학교 정문 앞. 그 한복판에서 아이는 온몸으로 악다구니를 쓰고 있었다. 나는 있는 힘껏 아이를 붙들고 땀을 뻘뻘 흘렸다. 힘들게 아이를 데리고 내려가는데 뒤늦게 나타난 D의 할머니가 우리 앞을 막아섰다.

"얘, 친구한테 그러면 안 되지. 아무리 화가 나도 죽여버린다고 하면 안 되지."

지당하신 말씀이다. 그러나 D의 할머니는 우리를 그냥 보내주었어야 했다. 뒤이어 D의 엄마가 나타났고, 그녀도 꼭 나와 같은 표정을 짓고 있었다. 화를 내야 할지, 사과를 해야 할지 모르겠을 때 우리들이 흔히 짓는 표정.

D는 학기 초, 아이에게 큰 사고가 있은 후에 새롭게 사귄 친구였다. 사고로 A와 함께 놀지 못하게 된 아이는 D와 급속도로 친해졌다. 사고 이

후 나는 아이가 친구를 사귀는 일에도 무척 조심스러워졌다. 다른 학부모들이 아이를 위험물로 인식하고 있지는 않을까 늘상 눈치를 살폈고, 그런 아이가 자신의 아이와 친해졌다는 사실을 불쾌해할 수도 있다는 생각에 두려웠다. 고민 끝에 나는 D와 D의 엄마를 집으로 초대했다. 아이의 현재 상황과 성향에 대해 미리 알린 후 여전히 친구로 남을지를 선택하게 하는 게 도리라고 생각했다. ('도리'라고 그럴싸하게 포장했지만, 지금 생각하면 그냥 아이와 함께 싸잡혀 욕먹기 싫은 마음이었다)

D의 엄마는 현관에서부터 무척 들뜬 얼굴로 동네 빵집의 빵을 종류별로 담은 빵 봉지를 내밀었다. D가 친구 집에 초대받은 게 처음이라 간밤엔 너무 설레 잠이 안 오더라는 그녀의 말에서 희미한 동질감의 냄새를 맡았다. 이야기를 나눠보니 과연 그녀와 나는 같은 부류였다. D 역시 학교 입학 전에 ADHD 진단을 받았다고 했다.

ADHD 진단은 검사지와 짧은 면담, 부모의 진술만으로 신속하게 내려진다. 전문 장비를 활용한 뇌파 검사라든가 수차례에 걸친 아이와의 면담 등 여러 각도의 심층적 분석을 통해 명확하게 ADHD 여부가 가려질 것이라는 부모의 기대에 현저히 못 미치는 방식이다. 신속하지만 정확하지는 않은 ADHD 진단 과정의 찝찝함에 대해 우리는 격하게 공감했다. ADHD 진단 만큼이나 간단한 ADHD약 처방에 대해서도 우리는 비슷한 문제의식을 느끼고 있었다. D의 담당 의사는 첫 진단 시에 약은 쓰지 말고 일단 지켜보자는 소견을 보였지만, 약을 처방해달라는 아이 아빠의 강력한 요청에 별 말 없이 약을 처방해주었다. 그러나 약의 부작용으로 D가 식욕을 잃고 손톱을 물어뜯고 몹시 불안해하는 모습을 보이는 바람에 투약을 중단했다고 한다.

우리는 ADHD 아이를 둔 부모끼리가 아니면 하기 힘든 이야기를 털어놓으며 서로에게서 공감과 위로를 받았다. 이제까지 수많은 위로를 받았지만 이처럼 와 닿은 적이 있었던가. 우리는 각자의 아이를 키워본 내공으로 서로의 아이를 이해했고, 서로에게 깊은 유대감을 느꼈다. D와 우리 아이, D의 엄마와 나, 우리는 그날 의기투합했다.

본래 나와 D의 엄마는 각자 어울리는 동네 엄마들이 따로 있었지만, D의 엄마는 나를 자신의 무리 안으로 기꺼이 초대했고 나 또한 거부감 없이 나와 아이를 그 안에 풀어놓았다. D의 친구들, 새로운 또래 그룹은 아이와 성향이 잘 맞았다. 큰소리가 오가지 않고도 두세 시간씩 어울려 노는 일이 가능했다. 유치원 친구들과 놀 때는 상상도 못 했던 평온함이었다. 물론 가끔씩 어른의 중재가 필요하긴 했지만, 늘상 아이의 뒤를 쫓아다녀야 했던 유치원 친구들과의 놀이에 비하면 그 정도는 문제도 아니었다.

문제는 나와 D의 관계였다. 가끔 아이의 과격한 행동을 제재하는 나를 D는 못마땅하게 여겼고 시간이 갈수록 내게 적개심을 드러냈다. 처음엔 말로 불퉁거리는 게 고작이었지만, 나중에는 발로 찬다든가 주먹으로 때리는 건 예사였고, 안경이 날아갈 정도로 세게 얼굴을 후려치고 달아나기도 했다. 보다 못한 아이가 내게 "나는 D 엄마를 안 때리는데 D는 왜 자꾸 엄마를 때려?"라고 물어올 정도였다. 모든 상황을 함께 보았음에도 D의 엄마는 D에게 제재를 가하지도, 내게 사과를 건네지도 않았다. 적절한 대처가 있었다면 괜찮았을 문제였다. 나도 내 아이를 통제하기 힘들 때가 많았으니까, D의 행동 역시 엄마의 의도와는 거리가 멀 것이다. 그러나 D의 행동에 대한 D 엄마의 대처는 내 상식 밖이었다. 아이들끼리는 어울리더라도 어른들끼리는 거리를 두어야겠다고 마음을 굳혔을 즈음이었다.

D는 학기 초부터 수업 중에 가방을 메고 집에 가려는 돌발 행동을 지속적으로 해왔다. 아이는 그런 것에 별로 개의치 않았고, 그런 것은 아이와 D가 친구로 지내는 데에 아무런 문제가 되지 않았다. 나 또한 마찬가지였다. 아이와 D가 (그들의 표현에 따르면) 지긋지긋한 학교에서 서로의 마음을 잡아주는 친구가 되기를 진심으로 바랐다.

문제의 그 날, D가 수업 중에 가방을 메고 일어나 교실 밖으로 나간 것까지는 평소와 같았다. 그날따라 친구들은 우르르 달려 나가 D를 붙잡았고 그중에는 아이도 있었다. 아이는 D의 가방을 붙잡았고 그 순간 D가 아이의 팔을 물었다. 이에 화가 난 아이는 D를 확 떠밀었고 D는 벽에 부딪치고 말았다. 그 후로도 다른 친구들과 D 사이에 실랑이가 이어졌지만, 그 길로 아이는 교실로 들어와버려 뒤의 상황은 잘 모른다고 했다.

D의 엄마는 매우 조심스럽게 내게 연락을 취해왔다. D가 친구들에게 괴롭힘을 당했다는데 그 무리 중에 '하라'도 있었다며 무척 섭섭해한다는 이야기를 어렵게 꺼내놓았다. 아이에게 물어 정황을 알아낸 후, D의 엄마에게 사과를 건넸다. 나는 내심 D가 아이를 문 것에 대한 사과가 돌아오기를 기대했다. D의 엄마는 D의 행동에 대한 언급없이 그저 나의 사과를 받은 후 전화를 끊었고, 그 순간 나는 그녀에게 적잖은 실망감을 느꼈다. 전화를 끊고 나서 나는 그녀에게 문자를 보냈다. 우리 아이의 잘못에 대해서는 사과하게 하고 주의를 주겠다, D의 행동에 대해서도 적절한 지도를 부탁한다는 내용이었다. D가 내 얼굴을 후려쳐 안경이 날아가던 순간의 당혹스러움과 당시 D엄마의 대처에 느낀 실망스러움까지 문자에 그대로 담았다. 참 나답게 옹졸하게 찌질하게 구구절절 길게도 보냈다. 돌아온 D 엄마의 답장은 나와 달리 짧고 간결했다.

네, 어머님 뜻 잘 알겠습니다.

그 짧은 문자에서도 그녀의 감정이 그대로 읽혔다. 짧지만 결코 쿨하지 않은 문자를 마지막으로 우리는 더 이상 연락을 나누지 않았다. D의 엄마는 눈에 띄게 나를 어색하게 대하기 시작했고, 더 이상 자기들의 만남에 우리를 초대하지 않았다. 조금도 서운하지 않다면 거짓말이겠지만, 한편으로는 잘된 일이라는 생각이 들었다. 그러잖아도 D의 엄마와 거리를 두려던 참이었으니까. 그러나 어른들끼리의 감정이 아이들의 세계에 침범할 이유는 없으므로 나는 그저 저희끼리나 잘 지내기를 바랐다. 그러다 기어이 일이 터지고 만 것이다.

나의 소망이 무색하게도 아이는 모두가 지켜보는 가운데 D를 향해 악을 쓰며 발악하는 중이었다. "D를 죽여버릴 거야!!" 악을 쓰는 아이의 얼굴을 감싸 안으며 나는 D에게 물었다. 화를 억누르려 애를 썼지만, 나의 목소리에는 원망과 물기가 가득 어려있었다.

"D야, 왜 하라 얼굴을 신발주머니로 때린 거야?"

좋은 엄마, 누군가에겐 나쁜 사람(2)

여느 때처럼 학교 정문에서 아이의 하교를 기다리고 있었다. 원래대로라면 D의 엄마도 나와 있었겠지만, 그날은 D의 엄마에게 소개받아 나도 알고 지내는 D의 친구 엄마가 대신 D와 자신의 아이를 기다리고 있었다. 간단한 인사를 주고받은 뒤 나란히 서서 아이들을 기다렸다.

저 멀리 오르막길 끝에서 아이들이 줄지어 내려오는 모습이 보였다. 앞줄에 아이가, 뒷줄에 D가 있었다. 신이 나서 내게로 달려온 아이는 뒤돌아 D를 보고 반갑게 손을 흔들었다. D는 아이가 손을 흔드는 모습을 보고는 갑자기 속도를 높여 내리막길을 달려오더니 별안간 아이의 얼굴을 자신의 신발주머니로 세게 후려쳤다. 나와 아이, D를 마중 나온 D의 친구 엄마까지 모두가 일시에 굳었다. 정신을 차린 아이가 제 신발주머니로 똑같이 D를 후려치고 나서야 어른들은 퍼뜩 정신이 들었다.

"그만해, 그만해."

두 어른은 서로 각자의 아이를 몸으로 가리고 섰다.

"하라야, 그만해. D야, 왜 하라 얼굴을 신발주머니로 때린 거야?"

화를 꾹 억누르려 했지만, 목소리가 떨려 나왔다.

"하라한테 먼저 물어보세요. 둘이 학교에서 무슨 일이 있었는지."

맞은 아이에게 뭘 물어보라는 걸까? 학교에서 무슨 일이 있었기에 D가 너를 때릴 정도로 화가 나 있는지 물어보기라도 하라는 건가? 우리 아이가 필시 먼저 D를 화나게 했을 것이고, 그렇기에 D의 행동이 정당화될 수 있을 거라고 믿고 하는 말인가? D에게 맞은 게 내 아이가 아니라 다른 아이였어도 저런 식으로 말을 했을까? 그 짧은 순간에 별별 생각이 다 지나갔다. 그러나 D의 엄마도 아닌 D 친구 엄마의 말을 곱씹고 있을 여유가 없었다. 시간이 갈수록 더 흥분한 아이는 걷잡을 수 없을 정도로 날뛰었다.

"D가 날 쳤어! 난 가만히 있었는데!! D는 없어져버려야 돼!!"

울부짖으며 발버둥치는 아이의 팔과 다리를 진정시키기란 너무나 버거웠다. 고작 여덟 살짜리가 발산하는 분노의 힘은 정말이지 어마어마했다(여담이지만, 그날 이후로 난 항상 점심을 잘 챙겨먹고 하굣길에 나선다). 힘겹게 아이를 진정시켜가며 데리고 내려가는 동안 아이는 모두의 시선에 고스란히 노출되었다. 진땀이 났다. 그런 와중에 D의 할머니는 우리를 막고 서서 말했던 것이다. "아무리 화가 나도 친구한테 그렇게 말하면 안 되지." 나는 대꾸할 여유도 의지도 잃은 채 묵묵히 아이를 데리고 그들의 시야에서 한시라도 빨리 사라지기 위해 부지런히 발을 옮겼다.

"하라야. 괜찮아. 엄마가 다 봤잖아. 엄마도 알아. D가 널 먼저 쳤고, 그건 분명 잘못된 행동이야."

"D도 똑같이 맞아야 돼!!"

"하라야, 아까 너도 똑같이 되받아쳤잖아. 이미 넌 D가 한 행동을 그대로 D에게 갚아줬잖아. 그래 놓고선 계속 죽여버리겠다든가, 사라져버리라든가 그런 식으로 말하면 안 되는 거야. 그러면 사람들이 D의 잘못보다 너의 잘못을 크게 보게 되는 거야."

"왜!! 먼저 때린 건 D인데!! 먼저 때린 사람이 나쁜 거라고 엄마가 항상 그랬잖아!!"

"그러니까. 하라야. 그러니까 좀 진정해. 먼저 때린 건 D인데 네가 나쁜 사람으로 보일까 봐 엄마는 너무 걱정돼. 집에 가서 엄마랑 얘기하자."

겨우 아이를 설득해가며 집으로 가고 있는데 전화가 걸려왔다. D의 엄마였다.

"D 어머니, 제가 지금 너무 정신이 없어서요, 나중에 한숨 돌리고 연락을 드릴게요."

"어디세요? 제가 지금 갈게요. D가 사과를 해야 할 것 같은데요, 저희가 갈게요."

"아니에요. 저희 아이도 되받아쳤고…… 저희도 마냥 사과받을 입장이 아니에요. 마음 가라앉히고 나중에 얘기해요."

"저희가 갈게요. 집 앞 놀이터에서 만나요."

막무가내였다. 그녀의 마음을 이해 못 하는 바는 아니었지만, 당장 아이의 마음을 달래는 것만으로도 충분히 버거웠기에 조금 짜증이 나려 했다. 여전히 흥분 상태인 아이를 데리고 집에 올라가 물을 먹이고 얼굴을 닦였다.

"이제 좀 괜찮아?"

"아니."

"D가 사과하고 싶대. 놀이터에서 기다린대. 갈래?"

"응."

아이를 데리고 내려가니 D와 D의 엄마가 놀이터 벤치에 앉아 우리를 기다리고 있었다. 이른 시각이라 놀이터에 아무도 없는 게 다행이라고 생각하면서 그들에게 다가갔다. D의 엄마는 D에게 낮은 목소리로 무언가를 일러준 뒤에 D의 등을 가볍게 떠밀었다.

"하라야. 미안해."

"그래. 앞으로 사이좋게 지내자."

원래 나의 방식대로라면 아이에게도 사과를 시켰어야 옳다. 나도 똑같이 널 치고 "죽여버리겠다"고 말해서 미안하다고. 그건 마땅히 아이가 사과해야 할 일이니까. 그 순간 왜 그리 그 말을 하기가 싫던지. 매번 D에게서 사과받아야 마땅한 순간에 사과받지 못하고 넘어간 기억들이 떠오르며 나는 입을 앙다물었다. D의 엄마 역시 기대하던 대답이 아니었는지 잠시 뒷말을 더 기다리는 눈치였지만, 나는 끝내 그 말을 아이에게 종용하지 않았다. 곧, D의 엄마는 아이의 어깨에 부드럽게 손을 올린 채, 아이의 눈을 보며 말했다.

"하라야, 정말 미안해. 아까 D가 머릿속으로 게임 생각을 하면서 내려오고 있었대. 그런데 밑에서 손을 흔드는 하라가 게임 캐릭터처럼 보여서 물리쳐야 한다는 생각으로 신발주머니를 휘둘렀대. D가 아직 자기 마음을 표현하는 걸 어려워해서 아줌마가 대신 사과하는 거야. 정말 미안해. 많이 아팠지."

여기까지 D를 데리고 사과하러 오는 발걸음은 결코 가볍지 않았을 것이다. 얼마나 많은 생각과 고민을 했을지. 물론 궁극적으로는 자기 아이를 지키기 위함이겠지만, 그것을 위해 다른 아이의 마음을 다독이고 용서를 구하는 D 엄마의 모습에 나는 감동했다. 그동안 아이 일로 매번 사과하기 바빴지 사과를 받아본 적은, 더군다나 이렇게 정성 어린 사과를 받아본 적은 없었기에 감동은 배가 되었다.

"많이 놀라셨을 텐데 이렇게 사과하러 와 주셔서 감사해요. 덕분에 아이가 마음이 많이 풀린 것 같아요."

"아니에요. 아까는 저도 상황을 모르고 해서...... 나중에 전해 들으니 사과를 해야겠더라고요."

"아무리 그래도 저희 애도 그렇게까지 소리를 지르고 야단을 할 건 아니었는데요, 어머님도 고생 많으셨네요."

서로가 어색하고 이 상황이 어색한 어른들은 서둘러 의례적인 말들을 건네고 멀어질 타이밍을 재고 있었다.

"사실 뭐 저는 남자아이들 사이에 흔히 있을 수 있는 일이라고 생각해요. 어머님이 이해해주시면 감사한 거고, 아니라고 해도 어쩔 수 없는 거고요."

그녀는 그날, 마지막 말만큼은 하지 않았으면 좋았을 것이다. 나 역시 이 일을 더 문제 삼을 생각이 없었고, 아이를 키우며 수많은 사건 사고를 겪어본 사람으로서 그날의 일을 '있어서는 안 될 극악무도한 일'이라고 생각하지 않았다. 그렇다고 D의 엄마가 이 타이밍에 그 말을 꺼낼 줄이야. 여기까지 와 준 그녀의 정성에 잠시 누그러졌던 마음이 다시 복잡해졌다. 뒤돌아 가는 그녀를 보며 생각했다.

잘 가요. D 엄마.

우리 서로에게 좋은 사람으로 남기가 너무 힘드네요.

각자의 아이만으로도 너무 번잡해서 서로의 감정을 살필 여유가 없어서겠죠.

그래도 참 애썼어요. 당신도 나도.

D는 D의 엄마일 뿐, 나와 아이의 완전한 이해자가 될 수 없다. 나 역시 내 아이의 엄마일 뿐, D와 그 엄마를 다 알 수는 없다. 쌓아 올린 노력의 방식이 다르고 시간의 결이 다르기에. 우리는 각자의 자리에서 각자의 방식으로 각자의 아이를 지킬 뿐이다.

tips

학부모와의 관계 유지, 꼭 필요할까?

같은 반 학부모들을 사귀어서 나쁠 건 없다. 특히 남자아이들은 하교와 동시에 학교와 관련된 모든 기억도 사물함에 놓고 오는 경우가 태반이라 정보 공유를 위해 다른 학부모를 알아두는 게 도움이 된다. 그러나 요즘은 <e알리미>라는 앱으로 담임 선생님이 직접 숙제와 준비물, 공지 사항을 알려주기 때문에 아이의 숙제나 준비물을 챙겨주기 위해 주변 엄마들에게 확인해 볼 필요가 없어졌다. 그렇다면 학부모들과의 관계는 무엇 때문에 유지해야 하는가. 아이가 크게 걱정을 끼치는 편이 아니라면, 터놓고 말해서 아이가 주변에 해를 끼치고 다니는 편이 아니라면 굳이 무리해가며 관계를 유지할 필요가 없다.

단, 첫 참관 수업엔 꼭 참석할 것을 권한다. 1학년 첫 참관 수업에 참석하지 않는 학부모들은 매우 드물기 때문에 무엇보다 아이를 위해 꼭 참석하는 것이 좋다. 뜬금없이 참관 수업 이야기를 꺼내는 건, 참관 수업이 끝나고 반 톡방 초대나 반 모임추진이 활발하게 이뤄지는 경우가 많기 때문이다. 반 모임에는 적당히 핑계를 대고 빠져도 무방하지만, 반 톡방 정도는 들어가 있는 것이 학교 정보 공유나 반 분위기를 읽어본다는 측면에서 유용하다.

사실 이도 저도 다 귀찮다면 반 모임이며 반 톡방이며 모두 패스해도 문제될 건 없다. 모든 학부모가 1년에 1회 이상 하게 되어 있는 의무 봉사(녹색어머니회, 어머니폴리스)도 본인 차례가 되면 연락이 온다. 고작 1년에 1~2회 돌아오는 의무 봉사를 위해 1년 내내 반 톡방에 머무를 필요는 없다. 학교에서 아이와 관련된 문제가 발생했을 때도 학부모 개인 간 연락보다는 학교를 통해 일을 처리하는 것이 훨씬 현명하고 바람직한 방법이다. 이렇게까지 적고 보니 학부모들 간 관계 유지가 하등 쓸데없는 일처럼 느껴진다. 맞다. 어디까지나 아이가 주변에 해를 끼치고 다니는 편이 아니라면 말이다.

모든 아이가 같을 수는 없다. 그러므로 가급적 관계 유지를 해야 하는 학부모들도 있다. 돌려서 말하지 않겠다. 아이가 문제 행동을 보이고 이 사실을 주변에서도 인식하고 있는 경우엔 반 톡방 참가는 필수다. 일단 반 톡방에 초대받았으면 그걸로 됐다. 대화를 주도하거나 열띤 리액션을 보내려고 노력하지 않아도 된다. 말이 많아지면 실수도 잦아지게 마련이다. 그저 잠자코 있다가 필요할 때 나서는 걸로 충분하다.

꼭 학부모들과 친분을 쌓지 않아도 된다. 어설픈 친분이 오히려 독이 될 수 있다. 친분을 쌓는답시고 다른 학부모 앞에서 아이에 대한 정보를 너무 많이 내보이는 건 금물이다. 아이에게도 보이고 싶지 않은 모습이 있고 드러나지 않을 권리가 있다. 게다가 아이의 장점을 얘기하면 '자랑'이 되고 아이의 단점을 얘기하면 '약점'이 되는 것이 학부모 관계다. 상대 학부모가 먼저 자기 아이에 관해 이야기해오더라도 방심해서는 안 된다. 상대 학부모가 약은 사람이라서가 절대 아니다. 학부모 관계, 즉 아이로 맺어진 인간관계는 연결고리가 약하다. 아이들 사이의 일로 언제든지 손바닥 뒤집듯 뒤집힐 수 있는 관계라는 거다. 반드시 선을 지켜야 한다.

'같은 반 학부모'라는 어려운 관계는 유지하되 학교 행사나 봉사 요청이 오면 언제든 도울 준비가 되어있음을 어필하는 게 좋다. 어떻게든 없는 시간을 쪼개서 꼭 일손을 보태야 한다는 이야기가 아니다. 아이의 학교생활에 적극적으로 관심을 기울이며 살뜰히 챙기고 있다는 인상을 주어야 한다. 그렇게 해서 부모가 아이의 개선을 위해 애쓰고 있다는 사실을 다른 학부모들이 미루어 짐작하게 하는 것이다.

나의 경우엔 따로 매여있는 일이 없었기 때문에 온전히 아이에게 시간을 쏟을 수 있었다. 매일같이 아이의 등하굣길을 함께하며 만나는 사람들에게 인사를 건넨 덕분에 나와 아이를 알아보는 학부모들이 점점 많아졌다. 매일 등굣길을 오가다 보니 가끔은 예고 없는 퀘스트가 주어지기도 했다. 어떤 날은 등교 중에 실내화 가방을 잃어버려 우는 여자아이를 달래 들여보낸 뒤 길에서 가방을 찾아 교실로 가져다주기도 하고, 혼자 지각하는 바람에 텅 빈 교실 앞에서 어쩔 줄 모르고 서 있는 남자아이를 체육관으로 데려다주기도 했다. 그런 아이들은 대개 1학년이었고, 나는 최대한 이 일을 반 톡방에 물어물어 함으로써 가능한 한 많은 학부모가 나의 선행(?)을 알게 했다. 주변 지인들이 내게 '명예 어머니폴리스'라는 별명을 붙여줄 정도로 나는 있는 힘껏 생색내가며 오지랖을 부리고 다녔다.

학교에서 전체 안내문을 통해 봉사 요청이 올 때도 일단은 바로 답하지 않고 기다렸다가 반 톡방에 봉사 인원이 부족하다는 공지가 올라오면 그때 적극적으로 참여 의사를 밝혔다. 평소에는 잠잠하지만 일이 있을 땐 적극적으로 나서는 엄마, 믿음직한 엄마로 보여두면 나중에 무슨 일이 생겨도 아이에게 향할 책망을 나눠질 수 있을 거라고 믿었다.

같은 반 학부모들과 관계를 유지하는 목적은 단 하나다. 많은 학부모와 친분을 만들어 아이에 대한 긍정적인 여론을 형성하기 위해서가 아니다. 관심과 호의를 보이다가도 자기 아이와 문제가 생기면 누구보다 무섭게 돌아서는 게 같은 반 학부모다. 그러니 섣불리 마음을 터놓지 말라. 반 톡방 참가의 목적은 오직 '아이에게 관심을 기울이는 부모'임을 보여주는 데 있다. 친목 도모를 위해 힘쓰기보다 '적극적이고 믿음직한' 부모로서 존재하는 것에 의의를 두고 최소 반 톡방 정도는 들어가 있도록 하자.

아이 하나를 키우는 데는 온 마을이 필요하다

ADHD 아동의 문제 성향은 집 밖에서 두드러진다. 집 안에서의 우리는 대체로 평화롭다. 내가 아이를 알고 아이가 나를 알기에, 상대의 반응은 예측 가능한 범위에 있으며 간혹 예상하지 못한 방향으로 튀더라도 단단한 신뢰를 바탕으로 얼마든지 해결할 의지와 여유가 있기 때문이다. 허나 집 밖에는 낯선 사람과 돌발상황이 곳곳에 지뢰처럼 놓여있다. 아이와 함께하면서 가장 곤혹스러웠던 상황들은 모두 집 밖에서 일어났다.

아이는 충동적인 언행과 자기중심적 사고 때문에 상대의 마음을 헤아리고 적절한 반응을 보이는 것에 어려움을 느꼈다. 쉽게 말해 사회성이 부족했는데 시간이 흐르면서 점점 좋아지는 모습을 보이긴 했지만, 그 속도가 너무 더뎌 엄마인 나만 겨우 느낄 수 있을 정도였다. 반면 아이의 신체 성장 속도는 너무 빨라서 늘 실제 나이보다 두세 살은 많아 보였다. 또래보다 넘치는 체격과 또래보다 부족한 사회성, 결코 좋은 조합이라 할 수 없었다. 집 밖에서 만나는 사람들은 단 하나의 사건만으로, 찰나의 모습만으로 단번에 우리의 인상을 결정짓는다. 시간이 갈수록 오해를 사는 일이 많아졌다. 우리에게 '외출'은 상당한 긴장을 수반하는 일이었다.

그럼에도 불구하고 아이의 학교 입학 이후 본격적으로 외출을 감행했던 건, 아이가 학교에서 발생하는 여러 상황에 어떻게 대처해야 할지 몰라 힘들어했기 때문이다. 엄마가 지켜보는 가운데 집 밖에서 많은 상황을 맞닥뜨리면서 경험을 쌓아야 했다. 비슷한 다른 상황에서 적절한 대처가 가능해질 때까지 여러 번 시행착오를 거칠 필요가 있었다. 되도록 또래와 접점을 늘리기 위해 우리는 매일 방과 후 세 시간씩을 놀이터에서 보냈다. 일 년 내내 놀이터에 출근 도장을 찍으면서도 이렇다 할 단짝이 없었던 아이는 2학년 중반쯤에야 동네에 단짝이 생겼다. 다섯 살 때부터 알고 지낸 유치원 동기 C가 그 주인공이다.

막 여름이 시작되던 어느 날, 아이가 C에게서 편지를 받아왔다.

하라에게

하라야, 안녕? 나 C야.

저번에 놀이터에서 같이 놀았지. 그때 정말 고마웠어.

여름방학 되면 우리 같이 많이 놀자.

그럼 안녕. 잘 지내.

20XX년 6월 19일 C가

C는 누구라도 한번 보면 호감을 느낄 정도로 행동이 단정하고 말씨가 예쁜 아이로 남녀노소 모두에게 인기가 많다. 그러나 아이와는 전혀 상성이 맞지 않았다. 다정하고 섬세하고 부드러운 우리 동네 젠틀 보이, 모두가 입을 모아 칭찬하는 C의 캐릭터를 아이는 "재미없다"는 말로 일축했다. C 역시 마찬가지로 아이가 주변에 나타나면 신경을 곤두세우고 아이를 경계했다. 아이와 다투다가 머리로 들이받히기까지 했으니 왜 안 그랬겠는가. 엄마들끼리 잘 알고 지내는 사이가 아니었으면 두 아이의 연은 진작 끊겼을 게다.

C의 엄마, J 언니. 아이 친구 엄마이자 동네 이웃인 J 언니에게는 미안한 기억이 많다. 아이 일로 사과를 건넬 적마다 언니는 오히려 나를 위로했다.

"C도 하라도 아직 커가는 아이들이잖아. 그러면서 배우는 거야. 그래도 하라가 시간이 갈수록 안정적인 모습이 많이 보이더라. 너무 걱정하지마. 충분히 잘하고 있어."

심지어 아이가 C를 머리로 들이받아 울려놓은 상황에서도 언니는 아이의 두 손을 잡고 다독였다.

"하라야, C가 소리지르니까 기분이 나빠서 그랬지? 그래도 다음에는 때리지 않고 말로 표현할 수 있지요?" 가족을 제외한 어른의 훈육은 일단 거부하고 보는 아이도 J 언니 앞에서는 마음이 누그러져 고개를 끄덕였다.

언니의 메신저 프로필에서 처음 봤던 그 문구를 아직 잊지 못한다.

"내 아이가 행복하려면 내 아이의 선생님도 행복하고, 내 아이 친구도 행복하고, 내 아이 친구의 부모도 행복해야 합니다." 언니는 그 말을 삶 속에서 몸소 실천하는 사람이었다.

이전에 살던 동네에서 아이를 낳고 키울 때 나는 동네 엄마들과 어울린 적이 없었다. 놀이터에 나가서도 사고치는 아이 뒤를 졸졸 쫓아다니기 바빴지, 누구와 말을 섞고 수다를 떨 정신도 여유도 없었다. 어쩌다 아이가 잠잠해지면 오히려 뭘 해야 할지 몰라 내가 아이 옷자락을 붙들고 아이를 따라다닐 정도로 숫기도 없었다. "동네 엄마들이랑 실속 없이 어울려서 떠들다보면 수다 끝에 맘 상하고 피곤하기만 하지, 혼자가 편해." 마치 자의로 어울리지 않는 것처럼 계속해서 최면을 걸었다. 나중엔 진짜로 내가 혼자 있는 걸 좋아한다고 믿게 됐다.

아이가 다섯 살, 동생이 세 살 되던 해에 지금의 동네로 이사를 왔다. 아이가 첫 기관 생활을 시작하면서 나 또한 처음으로 동네 엄마들을 사귀게 되었다. 아이를 같은 유치원에 보내는 엄마들끼리는 아무래도 통하는 게 많다. 해당 유치원의 교육 이념에 공감하는 엄마들이 모였기 때문인지 대화의 첫 물꼬부터 '결'이 잘 맞는다는 느낌을 받았다. 우리는 서로의 집을 오가며 급속도로 가까워졌다. 내가 그렇게 사람을 좋아하는 줄 전에는 미처 몰랐다. 그전 동네에서의 내가 사실은 되게 외로웠구나, 뒤늦게 안쓰러워졌을 정도로 나는 새로운 동네에서 만난 언니들과의 만남을 열렬히 좋아했다.

가장 나이가 어린 나를 언니들은 마냥 귀여워했고, 언니들을 만나면 잔뜩 쪼그라들었던 마음이 펴지는 것 같았다. 그것도 잠시, 매일같이 어울리다 보니 매일같이 크고 작은 문제 상황이 발생했고 그 상황의 중심엔 대부분 내 아이가 있었다. 잘 놀다가도 아이가 끼면 이내 큰소리가 났고, 그러다 보니 친구들은 아이를 경계했다. 그게 또 약이 올라서 아이는 더 어깃장을 놓고 그럴수록 친구들은 아이를 경계하는, 악순환이었다. 아이를 달래보기도 하고, 혼내보기도 하고, 상대 아이와 엄마에게도 용서를 구했지만, 밤에 자려고 누우면 낮의 일이 떠올랐다. 이러다 아이가 동네 친구들 사이에서 꺼리는 존재가 되어버리면 어쩌지. 마음이 괴로웠다.

아이들끼리의 관계와는 별개로 언니들은 참 좋은 사람들이었다. 단 한 번도 나와 아이에게 불편한 기색을 내비치지 않았다. 정말로 불편하지 않아서는 아니었을 것이다. 다만 함께 아이를 키우는 아이 엄마에 대한 안쓰러움과 동네 어른으로서의 의무감으로 언니들은 우리를 감싸 안았다. 그러나 배려를 받으면 받을수록, 내 마음에는 부채감과 불안감이 쌓여갔다. 이렇게 좋은 사람들마저 우리에게서 등을 돌리면 그땐 어떻게 해야 하지, 자꾸만 최악의 상황을 상상했다. 언니들이 여전히 좋은 사람일 때, 우리가 아직 서로에게 좋은 사람일 때, 잠깐 쉼표가 필요하다는 생각이 들었다. 관계를 오래 이어가기 위해서는 자꾸만 반복되는 상황을 끊어줄 필요가 있었다.

언니들에게 양해를 구했다. 당분간 아이와 나는 여럿이 함께 노는 자리는 빠지겠다고, 아직 우리에게 시간이 필요한 것 같아서 그러니 조금만 기다려달라고. 언니들은 내 말을 곡해하지 않고 있는 그대로 받아들여 주었다. 언제라도 오고 싶으면 오라고 매번 자리가 있을 때마다 알려주기도 했다. 아이가 한 살 더 먹을 때마다, 조금은 달라진 것 같다고 느낄 때마다, 기대를 갖고서 한 번씩 친구들과 어울리는 자리를 만들어주곤 했지만 혹시나가 역시나. 대체로 유쾌하지 않게 끝나는 날이 많았다. 아직은 이른가 보다. 엄마인 내가 낙심해버릴 때 오히려 언니들이 아이의 변화된 모습을 알아봐 주고 격려해주었다.

여섯 살. 일곱 살. 여덟 살. 매년 우리에겐 사건 사고가 있었고 아이의 덩치에 비례해 사건 규모도 매번 커졌다. 고비마다 우리를 지지해주고 함께 울어준 사람들은 아이가 가장 불안하던 시기의 모습을 봤던 동네 언니들이었다. 아주 망아지 적 아이가 어땠는지 아는 사람들. 그 아이가 노력하고 변화하는 모습을 지켜봐 온 사람들. 아이의 사고를 수습하는 동안 아이의 동생을 돌봐준 사람도, 아이의 사고로 움츠러든 내 어깨를 두드리며 놀이공원 티켓을 건넸던 사람도, 본인의 아이에게서 진실을 전해듣고 아이의 억울함을 밝혀준 사람도, 엄마 없이 등교하는 아이를 창 밖으로 내다보며 응원해준 사람도, 모두 동네 언니들이었다. 언니들이 아니었어도 시간은 흘렀을 거고, 나는 견뎠을 테고, 아이는 나이를 먹었겠지만, 과연 지금 같이 단단하고 따뜻한 아이로 자랐을지 나는 도무지 자신이 없다.

올해 상반기 우리 동네 2학년 남자아이들의 최대 관심사는 딱지 아니면 곤충이다. 딱지판에서는 잡음이 끊이질 않는다. 2학년 코흘리개부터 6학년 형아들, 심지어 고등학생들까지 끼어서 딱지를 쳐대니 무법 천지가 따로 없다. 꼭 한두 놈은 싸우고 그중 한놈은 딱지를 빼앗겼다며 울면서 간다. 이 딱지판 속에 꿋꿋하게 사마귀를 잡겠답시고 저들끼리 동네 놀이터를 뒤지는 아이와 C는 서로의 든든한 동료이자 단짝이다. 다섯 살부터 여덟 살까지 쭉 서로를 꺼리던 아이들이 아홉 살이 되어 사마귀로 대동단결하는 걸 보면 참 희한하다 싶다. 남자애들이라 그런 것인지. 애들이 원래 그런 것인지. 아니, 그런 것만은 아닐 것이다. 아이는 달라졌다. 달라진 아이를 달리 봐줄 수 있을 만큼 C도 많이 자랐다.

아래는 C에게 보낸 아이의 답장.

C에게,

안녕, 편지가 좀 늦게 왔지?

오늘 저녁에 밥 먹고 그네 놀이터로 와 봐.

그리고 나무진이 있는 나무를 살펴보자.

거기에 곤충들이 많이 모여 있을 거야.

맘에 드는 곤충을 잡아보자. 굿바이~

20XX년 6월 20일 하라가

아이를 이만큼이나 달라지게 하는 일은 우리 가족의 힘만으로는 역부족이었다. 때론 가족이라서 서로 위로가 되지 못하는 때도 많았다. 세상에 우리를 위하는 사람들은 우리뿐인 것 같았으니까. 가족이 아닌 사람들에게서는 이해받지 못할 거라는 절망감에 한없이 가라앉던 날도 있었다.

아이 하나를 키우는 데 온 마을이 필요하다는 말이 있다. 진정 그렇다. 세상의 모든 아이는 마을에서 키워질 권리가 있다. 특히나 ADHD 아이들은 모두가 알고 있기에 굳이 말하지 않는, 암묵적인 룰을 잘 모르기 때문에 눈총을 받기 일쑤다. 그럼에도 불구하고 마을 구성원이 아이를 이해하고 받아들여 줄 때 아이에게는 경험이 허락된다. 마을에서의 경험을 토대로 아이는 더 큰 사회로 나아갈 수 있게 된다. 마을 어른들은 마을 아이들에게 모두 빚진 자들이다. 우리 또한 알게 모르게 마을의 보살핌을 받으며 자라왔기 때문이다.

아이 하나를 키우는 데 필요하다는 '온 마을' 안에는 나도, 아이도 포함된다. 요즘 들어 아이는 제가 제법 컸다는 생각이 드는 모양인지 종종 어린 아이들의 잘못을 보아 넘기지 못하고 큰 소리로 지적하는 일이 잦다. 그럴 때마다 아이에게 일러준다.

"아직 어린 동생이잖아. 지금 막 배워가고 있잖아. 화내지 말고 알아들을 수 있게 천천히 가르쳐줘. 너도 어릴 때 그랬어. 그럴 때 다른 형아 누나들이 화내지 않고 잘 가르쳐줘서 이렇게 잘 큰 거야." 그러면 아이는 고개를 끄덕이며 제가 낼 수 있는 최대한의 상냥함으로 동네 동생을 타이른다. 잘 컸다. 동네 형아 누나들이, 동네 어른들이 잘 키워준 덕분이다.

우리는 운이 좋았다. 좋은 마을에서 좋은 사람들과 어울려 살 수 있었다. 우리는 혼자 크지 않았다. 우리를 받아들여준 우리 마을 덕분에, 오늘의 우리가 있다. 매일매일 우리가 받은 만큼, 그 이상의 팔을 벌려 우리 마을을, 마을의 아이들을 안아줄 것을 다짐한다.

tips

낯선 이의 날 선 말에 흔들리지 않기

"왜요? 왜 제가 버릇이 없는데요?"

틀림없이 아이의 목소리였다. 놀이터 쪽으로 난 창문을 열자 웬 어른에게 대거리를 하는 아이가 보였다. 가슴이 두근거렸다. 아무 옷이나 주워 입고 서둘러 현관을 나섰다. 내가 도착할 때까지 아이가 너무 많은 말을 쏟아내지 않기를 바라며 계단을 달렸다.

놀이터에는 사람이 많지 않았다. 아이와 아이의 동생, 낯선 아주머니 둘과 그 아이들 서넛. 낯선 이들 사이에서 아이는 있는 힘껏 목소리를 높여 항변하고 있었다.

"하라야, 왜 그래?"

"엄마, 저 아줌마가 나보고 버릇이 없대! 저 아줌마가 훨씬 훨씬 더 버릇없어!"

"하라야, 엄마는 네가 버릇없다고 생각하지 않아. 무슨 일인지 몰라도 좀 진정해봐."

"저 아줌마가 애들이랑 같이 놀지 말라고 해서 왜 같이 놀면 안 되냐고 물어봤는데, 난 진짜 궁금해서 물어봤는데, 아줌마가 괜히 할 말 없으니까 나보고 버릇이 없대!"

"하라야, 사람은 다 다르니까 생각도 다를 수 있어. 엄마는 네가 버릇없다고 생각하지 않아. 이제 엄마 일 다 끝났으니까 엄마랑 같이 놀자."

아이를 달래서 아이의 동생과 함께 놀이터 뒷산 개울가로 올라갔다. 엄마가 아예 저들 옆에 자리를 펴고 앉자 아이들은 무슨 일이 있었냐는 듯 가재 잡기에 열중했고 이내 대왕 가재를 찾아냈다. 덕분에 아이는 놀이터에서 있었던 일을 까맣게 잊었다. 아이들이 신나 있는 동안 내 머릿속에서는 아까의 일이 끊임없이 재생되고 있었다.

"너 정말 버릇없다." 낯선 사람의 날 선 말이 머릿속을 헤집고 다녔다. 아이는 왜 그럴까. 왜 잊을 만하면 한 번씩 엄한 소리를 듣고 와서 나를 속상하게 할까.

첫째가 1학년을 마칠 때까지 나는 놀이터 붙박이였다. 놀이터 붙박이로 지내다 보면 온갖 민원에 수시로 노출된다. 저들끼리 해결하면 좋을 일도 어른에게 와서 미주알고주알 고해바치는 아이들의 말을 들어주고 달래서 돌려 보내기를 반복한다. 몹시 귀찮은 일이다. 그런데도 내가 좀처럼 집으로 들어가지 못하는 건 당연히 아이 때문이다. 종일 붙어서 주의를 주는데도 잠깐 사이에 아이는 누군가에게 소리를 듣고 있다. 한 달에 한두 번은 꼭 그런 일이 생긴다. 차라리 내가 있는 곳에서 혼나는 건 낫다. 내가 없는 곳에서 소리를 듣고 오면 속이 상해 죽을 지경이다.

나는 그게 참 싫었다. 내가 모르는 곳에서 내 아이가 모르는 사람들의 따가운 시선에 노출되고, 그것을 피부로 받아내면서도, 속도 없는 것처럼 매일같이 놀이터에 나와 날이 갈수록 천덕꾸러기가 되어가는 것. 생각만 해도 끔찍했다. 그렇게 나는 놀이터 붙박이를 자처했다. 덕분에 내가 없는 곳에서 아이가 엄한 소리를 듣는 일은 없었지만, 나는 아이에 대한 질책을 고스란히 다 들어야 했다. 아이는 종종 나의 시야를 벗어나 놀다가 낯선 어른과 나의 불편한 만남을 주선하곤 했다.

"혹시 하라 어머니세요?"

낯선 이가 대뜸 아이 이름을 꺼내며 내 신원을 확인하는 경험은 아무리 반복해도 익숙해지지 않아서 매번 깜짝 놀라며 답하게 된다.

"어머 네, 제가 하라 엄마인데요."

"저는 이 위에 교회 다니는 사람인데요, 아이가 교회 마당에 있는 꽃을 꺾었어요."

아닌 게 아니라 그이의 손엔 길게 뻗은 나리꽃이 들려 있었다. 내가 아이의 엄마라는 걸 확인하자마자 아이에게서 받은 불쾌감을 내게 쏟아놓는다. 앞뒤 상황을 모르는 나는 당황스럽다. "우리 아이는 그럴 아이가 아닌데요?"라고 당당히 말할 수 있다면 좋겠지만, 충분히 그럴 아이라서 더 난처하다. 그렇다고 사실 확인이 되지 않은 상태에서 무작정 사과를 할 수도 없는 노릇이다.

"아이고 저런, 그런 일이 있었어요?"

"세상에 어쩜 이렇게 예쁜 꽃을 무자비하게 꺾어버릴 수가 있는지……. 왜 꺾었냐고 물어보니까 엄마가 꽃 꺾는 건 괜찮다고 했다더라고요?"

아이의 말을 전하는 것 같지만, 그녀의 눈은 내게 묻고 있었다. 정말 아이에게 꽃을 꺾어도 괜찮다고 말했냐고, 왜 아이를 그따위로 가르치느냐고 책망하고 싶은 것이리라. 아. 정말이지 난처하다. 아이의 말은 참말도 거짓말도 아니다.

"아이가 제 말을 오해했나 봐요. 마당에 핀 꽃을 꺾어서 많이 속상하셨죠. 제가 잘 알아듣게 가르칠게요. 죄송합니다."

그렇게 낯선 이와의 접견을 마치고 얼마 안 있어 아이가 왔다.

"하라야, 너 정말 남의 마당에 있는 꽃을 꺾었어?"

"엄마가 꽃은 꺾어도 된다고 했잖아."

"엄마가 꺾어도 된다고 한 건 민들레 씨야. 그건 어차피 날아가야 하는 씨앗이니까 꺾어서 불었던 거고, 꽃은 다르지. 그리고 교회 마당에 핀 꽃은 교회 재산인데 그렇게 함부로 꺾으면 안 되지."

아이는 여전히 이해가 안 된다는 표정으로 나를 보고 있다. 교회 마당이고 놀이터 화단이고 아이에겐 그냥 바깥이고 흙길일 뿐이다. 일상에 경계가 없는 아이에게 소유에 대한 경계가 있을 리 만무하다.

"그런데 꽃은 왜 꺾었어?"

"지렁이가 도로에 나와있어서 풀밭으로 옮겨주려고."

지렁이를 풀밭으로 옮겨주려고 꽃을 꺾는 아이를 다른 이에게 어떻게 설명하면 좋을까. 설명한들 완전히 이해 시킬 수는 없을 것이다. 이런 아이다. 도무지 이해할 수 없는 행동을 하지만 제 나름의 이유를 가지고 있다.

"하라야, 지렁이를 살려주고 싶은 네 마음은 잘 알겠어. 그런데 그 과정에서 네가 잘못한 게 있어. 첫 번째로 살아 있는 꽃을 꺾었다는 거. 꽃은 움직이지 않을 뿐이지 살아있어. 그러니까 꽃을 꺾는 건 생명을 꺾는 거나 마찬가지거든. 꼭 지렁이를 살리고 싶었다면 바닥에 떨어진 나뭇가지를 주워서 했어도 됐을 거야. 두 번째 잘못은 남의 마당에 핀 꽃을 꺾었다는 거. 그 꽃은 누군가가 자기 땅에서 애를 쓰고 정성 들여 키운 거야. 네가 지렁이를 아끼는 마음 못지않게 그 사람도 그 꽃을 아꼈을 거야. 그렇게 아끼던 꽃을 다른 사람이 꺾으면 얼마나 속상하겠어."

그제야 아이는 내 말을 알아들었다는 듯 고개를 끄덕거렸다. 아이를 키우며 종종 '이런 것도 일일이 가르쳐야 한다는 사실'에 피곤과 비애를 느끼곤 한다. 그러나 피로와 슬픔보다 사랑은 훨씬 지독하고 집요한 것이어서 나는 결국 현실의 아이를 받아들이고 하나하나 모든 것을 알려주게 된다. 비록 알려준 것도 곧잘 잊어버리고 같은 잘못을 저지르고선 "왜 안 돼?"라는 말을 되풀이하지만, 나는 아이가 기억할 때까지 다시 설명을 반복한다.

이렇게 가르친 아이는 낯선 어른의 단호한 제재를 불합리하다고 느낀다. 엄마를 비롯한 가까운 어른들은 늘 자신이 납득할 때까지 설명해주었기 때문이다. 납득이 가지 않는 상황에서 아이는 자신의 뜻을 굽히지 않는다. 상대가 어른이라 해도 기어이 할 말을 다 한다. 그러다 어른의 심기를 건드리고, 가볍게 지나갈 일도 한껏 키워 내게로 들고 오는 것이다.

가끔 아이를 이해하지 못하는 낯선 이들에게서 아이의 행동을 지적받을 때마다 힘이 쭉 빠진다. 몇 날 며칠 상대의 말을 곱씹으며 우울해한다. 그들이 아이를 이해하지 못하는 것을 이해하기에 더 우울하다. 아이를 잘 안다고 생각하는 나도 아이를 이해하고 싶지 않을 때가 많다. 그러니 길에서 잠깐 아이를 스치는 사람들은 오죽할까. 이 말 저 말 듣지 않으려면 아예 바깥에 내놓지 말아야겠지만, 바깥에서 친구들과 어울리면서 부쩍 아이의 사회성이 좋아진 것을 생각하면 그럴 수도 없는 노릇이다. 집 밖에서의 경험을 통해 아이는 분명히 성장하고 있다. 결국은 밖에서 마주치는 낯선 이들의 날 선 말들도 아이가 겪고 부딪치며 알아가야 할 세상의 일부인 것이다. 그렇다면 아이를 바깥에 내놓기 전, 아이가 남들에게서 싫은 소리를 듣는 것을 견디지 못하는 나의 멘탈을 재정비하는 것이 급선무다. 멘탈을 잡기 위한 두 가지 원칙을 정했다.

첫째, 그들의 지적을 받아들이기로 했다. 그들이 불편을 느낀 것은 사실이므로. 실제로 아이는 경계가 없고 부주의한 탓에 피해를 줄 때가 많다. 그들은 아이를 꾸짖을 수도 있으며 아이로 인한 불편감을 부모인 내게 호소할 수도 있다. 그럴 땐 사과하고 아이의 잘못을 인정하고 다시 가르치는 기회로 삼으면 된다.

둘째, 그들의 평가는 흘려보내기로 했다. 그들은 아이를 모른다. 어른에게 깍듯하게 인사하는 아이나, 지렁이를 풀밭으로 옮겨주는 아이를 본 적이 없기에 그들은 단편적인 사건으로 아이를 판단한다. 정보가 충분하지 않은 상태에서는 제대로 된 판단을 내릴 수 없다. 그러므로 그들의 평가는 사실상 감정을 다스리지 못한 어른의 실언에 불과하다. "버릇이 없다"는 말도, "무자비하다"는 말도 사실이 아니다.

그러니 낯선 사람의 의미 없는 평가에 마음쓰지 말자. 나의 상심이 아이에게 전해지지 않도록 듣는 즉시 훌훌 털어버리자. 그들의 날 선 말이 내 감정을 헤집는 것을 허락하지 말자. 잘못한 아이는 나의 몫이지만 잘못된 판단은 그의 몫이다. 내 몫이 아닌 것을 끌어안고 끙끙대지 말자. 지적은 수용하되 평가는 거부한다.

버릇이 없고
배려를 몰라
정신이 없어요
잔인해요!
사고뭉치
뭐야!
왜그래

인사는 매일 건네는 선물이야

"안녕하세요!"

"하라야, 넌 어쩜 그렇게 인사를 잘하니?"

매일 아침 등굣길에서 만나는 동네 엄마가 함박웃음을 지으며 아이의 인사에 화답한다. 아이는 머쓱해하면서도 반사적으로 아주머니를 향해 "안녕히 가세요." 고개를 숙인 뒤, 뒤이어 만난 등굣길 도우미 할머니께도 "안녕하세요!" 넙죽 배꼽 인사를 드린다. 인사를 받은 사람들의 얼굴에 웃음이 번진다.

아이가 처음부터 이렇게 인사를 잘했던 것은 아니다. 언젠가 아이는 내게 물어왔다.

"저 사람은 인사 안 하는데 왜 나만 인사해야 돼?"

한때 아이는 사회성이 부족한 정도가 아니라, 아예 '사회'라는 것을 인식하지 못했다. 그러면서 사람은 좋아하니 번번이 문제가 생겼다. 아이는 사람이 둘 이상 모였다 하면 생겨나는 '사회'와 '사회 규범'을 받아들이지 못했고, 본인이 받아들이지 않으니 당연히 사회도 아이를 받아들이지 못했다. 보통의 아이들은 자연스럽게 또래 집단으로 녹아들며 사회를 배운다. 친구들과의 관계, 친구 엄마들과의 관계를 통해 또래는 어떻게 대해야 하는지, 어른은 어떻게 대해야 하는지, 또 다른 친구들은 자기 엄마를 어떻게 대하는지, 그저 놀이에만 골몰한 것처럼 보여도 그 시기에 필요한 것들을 습득하며 사회화해간다.

모두가 쉽게 열고 들어가는 사회의 문이 아이에게는 유독 거대한 성문 같았다. 다섯 살이 넘어가면서부터 아이는 부쩍 친구를 찾았지만, 친구들은 아이를 원하지 않았다. 남다른 체격과 목청, 맥락에 맞지 않는 말과 행동 등 아이에게서 본능적으로 위험을 감지한 친구들은 아이를 피해 다니기 일쑤였다. 당연한 반응이었다.

아이가 비단 또래 집단에서만 어려움을 겪었던 것은 아니다. 아이는 친가와 외가, 양쪽 집안의 첫 손주였고 아이와 피가 섞인 어른들은 모두 아이에게 관대했다. 아이가 무슨 짓을 해도 이내 허허 웃어버리곤 했다. 그러나 바깥에서 만난 피가 섞이지 않은 어른들은 아이의 잘못에 싸늘한 반응을 보였다. 대놓고 얼굴을 찌푸리는 어른들도 더러 있었다. 웃지 않는 어른들 앞에서 아이는 당황했다. 당황은 이내 분노로 바뀌었고, 화를 주체 못 하고 날뛰는 아이를 본 어른들은 더 엄한 표정을 짓거나 고개를 내젓거나 아이의 엄마를 쏘아보거나 했다.

아이에게 사회는 전쟁터였고 긴장의 연속이었다. 아이는 사회가 기대하는 역할에 부응하지 못했고, 사회 역시 아이가 기대하는 반응을 보여주지 않았다. 굳게 닫힌 성문 앞에서 아이는 자주 화를 냈고 종종 눈물을 흘렸다. 그즈음부터 나는 사람들과의 만남을 피했다. 사람들과 만나는 일이 문제가 된다면 만나지 않으면 그만이었다. 원체 혼자만의 시간을 즐기던 나에게는 아무것도 문제 될 것이 없었다.

문제는 아이였다. 아이는 끊임없이 바깥 세상과 사람을 갈구했다. 피하는 게 능사가 아니었다. 결국 언젠가는 엄마 없이 아이 혼자 사람들과 어울려야만 하는 시간이 올 것이다. 아이를 데리고 밖으로 나섰다. 약속 같은 건 잡지 않았다. 특정한 누군가와 밀도 있는 시간을 보내는 긴 만남은 피하되, 스쳐 가는 수많은 사람과 짧게 교류했다. 아이의 손을 잡고 걸으며 마주치는 사람들에게 인사를 건넸다. 짧고 손쉬운 만남이 하루에도 몇 번씩 이루어진다는 점에서 인사는 우리에게 아주 유용했다.

길에서 자주 만나는 동네 이웃들은 물론이고 경비 아저씨, 청소부 아주머니, 가게 점원분들처럼 우리에게 편의를 제공해주는 고마운 분들에게 깍듯하게 인사를 드렸다. 아이에게 인사를 종용하지는 않았다. 가끔 "엄마가 인사를 할 땐 너도 함께 하는 거야."라고 귀띔을 하긴 했지만, 아이가 따라 하지 않는다고 해서 나무라지 않았다. 인사를 함으로써 얼마나 많은 미소와 환대가 돌아오는지 아이에게 보여주는 것으로 충분했다.

습관처럼 인사를 하다보니 나의 인사말은 갈수록 유려해졌다.

"어디 좋은 데 가시나 봐요. 오늘따라 화사해 보이세요."

"요즘 왜 이리 안 보이나 궁금하던 참인데! 여행 갔다오셨어요?"

"안녕, 태권도 학원 가는구나? 우와 벌써 빨간띠야?"

매일 건네는 인사는 그와 나 사이에 결코 가볍지 않은 유대감을 만들었고 그 위에 건네진 대화는 물 흐르듯 자연스러웠다. "안녕하세요." 고작 다섯 글자로 이루어진 한마디 말이 이렇게 많은 대화와 관계로 이어진다는 사실에 나 또한 놀랐다. 아이도 점점 나를 따라 인사하는 횟수가 늘었다. 고개를 제대로 숙이지 않을 때도 있었고, 목소리가 들리지 않을 때도 있었지만, 어쨌든 아이는 인사를 했다. 들릴락 말락 한 아이의 인사를 기민하게 캐치해서 꼭 화답해주는 어른들도 많았지만, 아이가 인사를 했다는 사실을 모르고 지나치는 어른들도 적지 않았다. 하루는 아이가 억울한 표정으로 내게 물었다.

"엄마, 저 사람은 인사 안 하는데 왜 나만 인사해야 돼?"

"아마 네가 인사를 했다는 걸 모르셨던 것 같아. 인사를 할 때 고개도 크게 숙이고, 목소리도 크게 내면 다른 사람이 쉽게 알아차릴 수 있지 않을까?"

"아닌데. 나 목소리도 크게 내고 고개도 숙였는데."

목소리도 크지 않았고, 고개도 제대로 숙이지 않았지만, 넘어가기로 했다. 지금 중요한 것은 '인사'가 '관계'로 이어진다는 사실을 알려주는 것이다. 당장 여기서 자세가 바르니, 방법이 틀렸니 하며 아이와 입씨름을 할 필요가 없었다.

"그랬구나. 네가 속상했을 수도 있겠다. 그런데 하라야, 인사는 꼭 받는 사람을 위해서만 하는 게 아니야."

"그럼?"

"인사라는 건 오늘 하루 동안 그 사람이 안녕하길 빌어주는 마음이야. '안녕'이라는 말에는 '나쁜 일 없이 편안한 하루를 보낸다'는 뜻이 들어 있거든. 그러니까 인사는 매일 건네는 선물 같은 거야."

선물이라는 말에 아이의 눈이 휘둥그레졌다.

"누군가 네 인사를 모르고 지나치면 잠깐 속상할 수 있겠지만, 생각해 보면 아주 속상한 일만은 아니야. 그 사람이 선물을 받지 않고 가면 네가 건넨 선물은 그대로 네 것이 되는 거거든. 그 사람을 위해서 빌어준 마음이 너에게로 되돌아오는 거야."

아이는 아리송한 얼굴을 하면서도 고개를 끄덕거렸다. 머리로는 이해가 가지 않았지만 마음에서는 받아들여진 것인지, 그 후로 아이는 전보다 더 적극적으로 인사를 했다. 인사를 건네는 몸짓과 목소리가 조금씩 조금씩 커지더니, 나중에는 아이의 인사를 알아차리지 못하고 지나

갈래야 지나갈 수가 없게 되었다. 처음에는 '이 애가 왜 나에게 인사를 하나, 내가 아는 사람인가' 멈칫거리며 지나치던 사람들도 곧 우리에게 수줍게 화답해왔다.

그렇게 길에서 만난 사람들 중 가장 오래도록 기억에 남는 분은 커피껌 할아버지다. 약간 거동이 불편했던 할아버지는 항상 천천히 시간을 들여가며 산책을 다니셨다. 우리는 거의 이틀에 한 번꼴로 길에서 마주쳤는데 아이가 인사를 드릴 때마다 할아버지는 아이와 아이의 동생, 내 몫까지 세 개의 커피껌을 내밀었다. 산책길에 무료함을 달래기 위해 곁들였을 할아버지의 주전부리를 받는 것이 미안했지만, 할아버지는 한사코 아이의 손에 커피껌을 쥐여주고 나서야 발걸음을 옮기셨다.

어느 날은 막 슈퍼에서 나오던 할아버지와 딱 마주쳤다. 아이가 인사를 드리자 할아버지는 반색을 하며 방금 사서 뜯지도 않은 커피껌을 통째로 건넸다. 놀란 내가 손사래를 치며 거절하자 괜찮다며 다시 커피껌을 사러 슈퍼로 들어가시던 뒷모습을 마지막으로 한참 동안 할아버지를 못 뵈었다. 여러 계절이 지나가도록 통 뵐 수가 없어 늘 궁금했는데, 할아버지와 같은 동에 살던 이웃에게서 할아버지의 부고를 전해들었다. 마음이 쿵 내려앉았다. 커피껌 할아버지가 돌아가셨다는 소식을 전해들은 아이는 "참 좋은 할아버지였는데……"라며 말끝을 흐렸다. 동시에 나도 마음이 저릿해옴을 느꼈다. 함께 알던 사람을 함께 잃어버린

상실의 유대감으로 우리는 한동안 동네 구석구석에서 할아버지를 떠올렸고, 그때마다 마음이 아팠다. 인사를 건네지 않았더라면, 관계를 맺지 않았더라면 몰랐을 아픔이었다. 그러나 아이는 관계를 맺어봤기에 관계가 끊어지는 아픔도 경험해보았고, 지금의 관계를 소중히 여길 줄도 알게 되었다.

'인사 잘 하는 아이'가 되고부터 사람들은 부쩍 아이에게 부드러워졌다.

"안녕하세요."

"안녕히 계세요."

"잘 먹었습니다."

"고맙습니다."

누구도 그렇게 인사를 하라고 시킨 적이 없는데 매번 양손을 모으고 배꼽 인사를 하는 아이를 보면 웃음이 나온다. 많은 사람이 아이의 인사를 받고 함박웃음을 짓는 것을 보면 내가 느끼는 흐뭇함이 꼭 내 자식이기 때문만은 아닌 것 같다.

길에서 만난 사람들, 아이의 서툰 인사에 능숙하게 혹은 서툴게나마 화답해주었던 모든 사람에게 고마움을 느낀다. 그렇게 입은 은혜를 갚는 기분으로 나는 사람들이 건네오는 인사, 특히 아이들의 인사를 허투루 지나치지 않으려 노력한다. 기분 좋게 선물을 주고받고 나면 정말 오늘 하루가 '안녕'할 것만 같은 설렘으로 가득 찬다. 인사는 매일 건네는 선물이자 모든 관계의 시작인 동시에 마음에 걸린 빗장을 여는 가장 손쉬운 방법이다.

모자란 모자

어쩌면 태생적으로 모자 관계라는 건 평행선을 달릴 수밖에 없는, 엄마인 '여자'가 아들인 '남자'를 이해해보려고 부단히 노력하지만, 결국 적절한 지점에서 타협할 수밖에 없는 안타까운 관계인지도 모른다. 아무리 채우려 해도 모자란 관계. 그 모자 관계로 만난 우리는 성별부터 성향까지 모든 것이 너무나 달랐다. 당연히 그 자체만으로는 문제가 되지 않는다. 모자란 그런 것이니까.

문제는 내 아이가 주변의 모든 아이, 남자아이들 사이에서도 확연히 눈에 띄는 유별난 녀석이었다는 데에 있다. 아들 엄마치고 자기 자식이 별나다고 생각해보지 않은 사람이 몇이나 되겠냐만, 내 아들은 본인의 엄마는 물론이고 다른 엄마들에게서도 인정받은 순도 백프로의 트러블메이커.

아이는 걷기 시작하면서부터 끊임없이 문제를 일으켰다. 원래 아기란 그렇다. 걷기 시작하면서부터 끊임없이 문제를 일으킨다. 발발거리고 돌아다니는 작은 고망쥐들 사이에서 아이는 늘 돋보였다. 고망쥐라기보다는 커다란 래밍에 가까웠다. 태어날 때부터 손발이 컸고, 항상 또래 아이보다 압도적으로 컸던 아이는 말썽에서도 스케일이 남달랐다. 모든 아이가 흔히 일으키는 문제들 따윈 이미 15개월쯤에 섭렵했으며, 어느 누구도 상상하지 못한 새로운 말썽을 너무나 태연한 얼굴로 평온한 공기 속에 저질러놓았다. 아이가 두 돌쯤 되었을 땐 더 이상 '말썽'같은 귀여운 말로 부를 수 있는 수준이 아니었다. 행패. 행패라고밖에 달리 표현할 말이 없다.

이 아이가 사람들 사이에 어울리기 시작하고 학교에 들어가기까지, 들어가고 난 후에도, 얼마나 많은 일을 지나와야 했는지. 하나를 해결하면 또 다른 문제가 터졌다. 터졌다기보다 어딘가에서 기다리고 있다가 하나씩 튀어나오는 것 같았다. 끝이 보이지 않는 터널이었다. 항상 불안했다. 늘 마음을 졸였다. 한 번도 아이를 마음 놓고 어디에 내놓은 적이 없었다. 마음을 놓았다간 즉시 사단이 났다.

일상이 급속도로 우울해졌다. 이 모든 우울함과 괴로움이 아이로부터 온다고 생각했다. 아이가 아니면 걱정이 없을 것 같았다. 아니, 실제로 그랬다. 평온한 일상의 최대적이 내 속으로 낳은 내 아들이라니. 그렇기에 온전히 미워할 수도 없는 내 자식. 나 같은 인간이 감당할 수 없는 크기의 사랑(그것을 모성애라고 지칭하기엔 엄마답게 사랑을 쏟아본 적이 없었다. 어쩔 수 없이 아이와 동시에 내게 주어진 사랑이었다)과 너무나 인간적이고 이기적인 미움 사이에서 아이를 놓지도 못하고, 안지도 못하고 전전긍긍하는 날들이 이어졌다. 화와 짜증만 늘어갔다. 우울증이 올 것 같았다. 죽을 용기도 없으면서 극단적인 생각이 시도 때도 없이 떠올랐다.

어느 날 우울증을 앓는 사람의 이야기를 듣게 됐다. 언제부터 우울증이 왔던가를 되돌아보니 어떤 계기가 있었던 게 아니라 서서히 시간이 지나 이렇게 되어있었다는 말. 몸을 일으키는 것도, 씻는 것도 아무것도 할 수가 없었다는 말. 그 말을 듣고 알았다. 지금 나에게는 우울증이 올 수 없다는 걸. 내가 일상을 지켜내기 위해 고군분투하는 건 모두가 아이 덕분이라는 걸.

한없이 우울하게 가라앉다가도 아이 때문에 집 밖으로 나서고, 몸을 일으켜 밥을 짓고, 사람들과 이야기를 나눠야 했던 엄마로서의 하루하루들. 그 하루하루가 사실은 아이가 아닌 나를 지탱해왔던 것이다. 아이 때문에 우울증이 올 것 같다고 생각했는데, 아이 덕분에 우울증이 올 수 없는 삶을 살고 있었다. 모자란 엄마를 모자란 아들이 힘껏 끌어주고 있었다는 걸 아이가 너무 많이 커서야 알았다. 지금도 아기지만 더 아기였을 때, 걷기 시작했을 때, 말씽의 무게보다 아이의 존재에 마음을 쏟았더라면 우리가 그렇게 괴롭지 않았을 텐데.

한날 중생에게 깨달음과 행복이 늘 동시에 찾아오는 것은 아니다. 아이는 여전히 부족하고 나는 그보다 더 모자란 엄마다. 아이와 나는 여전히 쉽지 않은 시간의 한가운데를 통과하고 있다. 다만 우리가 통과하고 있는 길을 더 이상 끝없는 터널이라고 생각하지 않는다. 중간중간 터널이 나오겠지만 짧은 터널을 지나면 또 밝은 햇살과 시원한 공기와 다정한 흙길이 우리를 맞아주는 길고 긴 소풍 길.

터널에서 자꾸만 뒤를 돌아보면 두렵다. 지나온 그 어둠에 다시 잠식되어 버릴 것만 같다. 하지만 앞을 보고 손을 잡고 빛을 향해 나아가면 두려움보다 큰 설렘이 나도 모르는 새 내 마음에 들어차 있다. 우리는 모자라다. 그래서 서로가 필요하다.

마치는 글

나 이제 ADHD와 안녕할래요

나는 기억력이 좋다. 아주 오래전의 일도 대사 하나, 지문 하나까지 그대로 되살릴 수 있다. 기억력이 좋다는 건 대체로 유용하지만 때때로 아주 번거로운 능력이다. 굳이 담아두지 않아도 될 기억을 꺼내 보며 두고두고 상처받는다는 점이 특히 그렇다. 잡다한 기억들로 머릿속이 부대낄 때마다 나는 기억의 끄트머리를 잡고 엉킨 실타래를 푸는 기분으로 문장을 뽑아 글을 지었다. 산발적으로 떠오르는 기억을 정돈된 글로 가라앉히고 나면 상처를 똑바로 마주하고도 다시 나아갈 힘이 생겼다.

체격과 언행이 남다른 아이를 키우며 대개의 엄마가 겪는 곤란보다 좀 더 크고 잦은 고난을 겪었다. 그때마다 잊고 싶은 기억들이 차곡차곡 쌓였다. 엄마 역할이 돈을 받고 하는 일이었다면 진작에 도망쳤을 것이다. 언제부턴가 나는 실생활에서도 문장 속에서도 "그러니까"라는 말을 자주 썼다. 아이가 ADHD니까. 내가 엄마니까. 분명 이유가 있을 테니까. 부모라면 감당해야 할 몫이니까. 내게 닥친 상황에 당위성을 부여하지 않으면 버려내기가 힘이 들었다.

우리는 왜 그렇게 힘들어야만 했을까? 단지 아이가 ADHD이고, 내가 ADHD 아이의 엄마였기 때문일까? 묻고 싶었다. 정말 우리가 그렇게 다르냐고. 우리의 존재 자체가 잘못이냐고. 한 맺힌 나의 질문들이 어딘가에 존재할 수많은 '우리'를 대변하기 위해서였다고, 애써 포장하지 않겠다.

아이의 이야기를 쓰기로 마음먹었던 건 순전히 나를 위해서였다. 아이를 안고 살아가야 하는 나, 세상이 아이에게 냉담할수록 더 힘껏 아이를 끌어안아야 하는 나를 위해서 나는 매 화 끊임없이 부르짖었다. 우리 얘길 좀 들어줘요. 우린 외계인이 아니에요. 우릴 좀 받아들여줘요. 내가 아이를 이해하려고 노력하는 만큼 남들도 그래주기를 바랐다.

학교에 들어간 지 한 달쯤 되었을 때, 아이가 학교에서 그려온 그림을 보고 나는 숨죽여 울었다. 그림 상단에 쓰인 글귀, "싫은 친구도 나중에 친해질 수 있으니까 처음부터 싫어하지마."라는 아이의 말이 꼭 그가 세상을 향해 띄우는 메시지처럼 느껴졌기 때문이다. 알고 보면 우린 꽤 잘 맞을지도 몰라, 그러니까 처음부터 싫어하지 말아 달라는, 아이의 바람에 나의 소망을 얹어 이 그림은 이 책의 마지막 삽화가 되었다.

이 책은 ADHD를 향한 항거의 외침이다. 네 따위에게 굴하지 않겠다는, 네까짓 게 우리의 일상을 뒤흔들게 두지 않겠다는, 일종의 선전 포고다. 기필코 ADHD를 극복하겠다는 의지가 아니라 ADHD면 어떻고, 아니면 또 어떻냐는 마음가짐이다.

그러므로 이 이야기는 ADHD 극복기가 아니다. 여전히 진행 중인 우리의 성장기다. 엔딩 같은 건 아무도 모른다. 그냥 ADHD와 함께 오늘을 살 뿐이다. 지난 기억들을 담담하게 마주 보면서. 오늘을 살고 있는 수많은 '어제의 우리'에게 우리의 이야기를, 감히 디밀어본다. 앞선 나의 고난들로 위로받기를. 외로움에 몸부림치지 않기를. 그리고 언젠가는 우리 모두 ADHD에 작별을 고하기를.

안녕. 나 이제. ADHD와 안녕할래요.

싫은 친구도 나중에 친해질 수 있으니까 처음부터 싫어하지 마.

편집자의 글

아이보다 모자란 우리에게

아이를 키우는 것만큼 마음대로 되지 않는 일이 있을까요? 아이를 키우면서 아이가 없던 지난날의 내 삶은 얼마나 평탄했고 안락했는지를 통감하는 나날들을 보내고 있습니다.

ADHD 아이를 키우는 한 엄마의 이야기라는 소개 글로 시작하는 이 책의 원고를 받고 처음 펼쳐볼 때만 해도 ADHD는 나와는 먼 이야기라고 생각했습니다. 그런데 20페이지도 채 읽기 전에, 이 책이 나와 내 아이의 이야기이기도 하다는 것을 깨닫고 빠져들었습니다.

위기 상황이 닥칠 때마다 육아는 왜 이리 어려운 것인가 생각합니다. 그런데 한편으로는 이 일은 생각보다 단순한 것이 아닐까 싶기도 합니다. 먹이고 재우고 싼 것을 치우는 온갖 생리적인 뒷바라지가 대부분인 육아의 첫 장이 지나가면 그다음 장은 아이의 마음을 들여다보는 일이 육아의 거의 전부가 된다는 사실을, 아이가 다섯 살이 되니 확실히 느낄 수 있었습니다. 많은 문제가 마음을 들여다보지 않아서 생겼고, 마음을 들여다 봐주니 겁먹은 것보다 쉽게 해결되곤 했습니다.

마침 아이가 다섯 살이 된 해에 이 책의 원고를 받아 읽는 기회가 주어져 어느 독자보다도 먼저 제가 이 책의 도움을 받았고, 저와 똑같이 매일같이 고민하며 힘겹게 노를 젓고 있는 육아인 친구들에게 이 책을 추천해 줄 수 있게 되어 감사하게 생각합니다.

원고의 원제목은 <ADHD가 어때서>였습니다. 제목에 이미 많은 이야기가 담겨 있었습니다. ADHD지만 아무렇지도 않다는 메세지 뒤에 그동안 타인에게서 받았던 부정적인 시선이나 행동, 그리고 그로 인해 쌓인 서러움과 분노가 느껴졌습니다.

이 세상에 아무 문제도 없이 완벽한 아이는 없습니다. 사소하게는 잠 문제, 식습관 문제, 생활 태도 문제부터 병원을 찾아야 하는 문제까지. 아이가 한 인간으로 성장하는 과정에서 양육자는 여러 문제를 수시로, 그리고 갑자기 마주하고 풀어나가야 합니다. 그런데, 그렇게 어딘가 미숙한 부분을 지녔기 때문에 아이가 아닌가 합니다. 어른조차도 자신의 서툴고 모자란 부분을 매일같이 발견하는데, 아이가 아무런 문제도 없는 완전체이길 기대하는 것이 얼마나 어리석은 일인지요. 오히려 아이가 나보다 낫다는 생각이 들 때가 훨씬 많습니다.

모든 아이는 그 자체로 완벽합니다. 어딘가 삐걱대는 그 부분까지도 우리 어른들이 귀여워하고 아껴준다면, 분명 우리보다 나은 사람으로 클 수 있을 것입니다. 이 단순한 원리를 알게 해준 이 책을 모든 어른과 함께 읽고 싶습니다.

이 도서는 한국출판문화산업진흥원의 '2021년 우수출판콘텐츠 제작 지원 사업' 선정작입니다.

특기는 사과,
취미는 반성입니다

ADHD, 학교에 가다

지은이 조은혜

펴낸 날 2021년 11월 8일 초판 1쇄
펴낸이 안소정
디자인 안소정
표지 삽화 안소정
내지 삽화 한승이
교정 교열 윤지현
펴낸곳 아 퍼블리싱
서울특별시 강북구 한천로 160길 48-3
a_publishing@naver.com
FAX 0303-3441-0902

ISBN 979-11-956161-9-0
값 14,000원